上海市工程建设规范

住 宅 设 计 标 准

Design standard for residential buildings

DGJ 08 - 20 - 2019
J 10090 - 2019

主编单位:上海建筑设计研究院有限公司
　　　　　上海市建筑建材业市场管理总站
批准部门:上海市住房和城乡建设管理委员会
施行日期:2020 年 1 月 1 日

同济大学出版社

2019　上海

图书在版编目(CIP)数据

住宅设计标准/上海建筑设计研究院有限公司,上
海市建筑建材业市场管理总站主编.--上海:同济大学
出版社,2019.11

ISBN 978-7-5608-8577-3

Ⅰ.①住…Ⅱ.①上…②上…Ⅲ.①住宅-建筑设
计-标准-上海Ⅳ.①TU241-65

中国版本图书馆 CIP 数据核字(2019)第 123650 号

住宅设计标准

上海建筑设计研究院有限公司
上海市建筑建材业市场管理总站   主编

策划编辑　张平官

责任编辑　朱　勇

责任校对　徐春莲

封面设计　陈益平

出版发行　同济大学出版社　　www.tongjipress.com.cn

　　　　　(地址:上海市四平路1239号　邮编:200092　电话:021-65985622)

经　　销　全国各地新华书店

印　　刷　浦江求真印务有限公司

开　　本　889mm×1194mm　1/32

印　　张　4.125

字　　数　112000

版　　次　2019 年 11 月第 1 版　　2019 年 11 月第 1 次印刷

书　　号　ISBN 978-7-5608-8577-3

定　　价　40.00 元

上海市住房和城乡建设管理委员会文件

沪建标定〔2019〕615 号

上海市住房和城乡建设管理委员会
关于批准《住宅设计标准》为上海市
工程建设规范的通知

各有关单位：

由上海建筑设计研究院有限公司和上海市建筑建材业市场
管理总站主编的《住宅设计标准》，经我委审核，并报住房和城乡
建设部同意备案（备案号为 J 10090－2019），现批准为上海市工
程建设规范，统一编号为 DGJ 08－20－2019，自 2020 年 1 月 1 日
起实施。其中第 5.2.1 条的 1～4 款、7.1.4 条的第 1～3 款、
7.4.2条、7.4.3 条、10.0.11 条为强制性条文。原《住宅设计标
准》(DGJ 08－20－2013)同时废止。

本规范由上海市住房和城乡建设管理委员会负责管理，上海
建筑设计研究院有限公司负责解释。

特此通知。

上海市住房和城乡建设管理委员会
二〇一九年十月十二日

前　言

　　本标准是根据上海市住房和城乡建设管理委员会《关于印发〈2017 年上海市工程建设规范编制计划〉的通知》(沪建标定〔2016〕1076 号)要求,由上海建筑设计研究院有限公司、上海市建筑建材业市场管理总站会同相关单位共同编制而成。

　　近年来,随着我国和我市住宅建设的飞速发展,上海市工程建设规范《住宅设计标准》DGJ 08－20－2013(2014 版)的许多内容已不能适应当前的形势需要。为满足居民日益增长的居住要求,提升居住环境质量,编制组对该标准进行全面修订。

　　本次修订在广泛征求意见的基础上,着重对上海市住宅设计的安全、功能、环境、适用等方面作了多方位的考虑,从而规定了现阶段住宅设计所应具备的基本标准,为我市住宅建设打下良好的基础。

　　本标准的主要内容有:总则;术语;总体设计;套型设计;公共部位设计;物理与室内环境性能设计;构配件设计;技术经济指标;结构设计;给水排水设计;燃气设计;供配电及照明设计;小区智能化及智能家居系统设计;供暖通风与空气调节设计。

　　本次修订的主要内容:进一步完善和提升住宅全装修设计、套型设计、楼电梯设计、声环境设计、构配件设计以及消防防火设计相关要求,增加了供热通风与空气调节设计一章内容,对结构、水、电的有关章节也对照国家现行标准进行了全面修订。

　　本标准中以黑体字标志的条文为强制性条文,必须严格执行。

　　本标准修编过程中,自始至终得到市各有关部门和各有关单位及相关专业技术人员的关心和大力支持,在此表示衷心的感谢!限于时间和水平,本标准仍会存在某些不足。在执行过程中,如有意见和建议,请及时反馈给上海建筑设计研究院有限公司(地址:上海市石门二路 258 号;邮编:200041;E-mail:siadr@siadr.com.cn),或上海市建筑建材业市场管理总站(地址:上海市小木桥路 683 号;邮编:200032;E-mail:bzglk@zjw.sh.gov.cn),以供今后修订时参考。

主 编 单 位:上海建筑设计研究院有限公司
　　　　　　上海市建筑建材业市场管理总站
参 编 单 位:上海市消防局
　　　　　　上海市建筑科学研究院
　　　　　　上海市建设工程安全质量监督总站
　　　　　　上海市建设工程设计文件审查管理事务中心
　　　　　　上海市燃气管理处
参 加 单 位:上海建工房产有限公司
　　　　　　上海万科企业有限公司
　　　　　　三湘印象股份有限公司
　　　　　　大华(集团)有限公司
　　　　　　上海万朗水务科技有限公司
主 要 起 草 人:刘恩芳　马　燕　李亚明　杨　波　汪松贵
　　　　　　　　陈华宁　徐　凤　陈众励　何　焰　潘嘉凝
　　　　　　　　于　亮　刘明明　朱建荣　庞均薇　杨　瑛
　　　　　　　　覃　爽　钱　洁　张红缨　莫　非　王　薇
　　　　　　　　曹晴烨　杨　军　陈艺通　王彦杰　朱　喆
　　　　　　　　邱枕戈　雷雪峰　刘晓燕　俞　屏　谢　益
　　　　　　　　罗　莹　樊雪莲　宋　晶
主 要 审 查 人:王惠章　章迎尔　花炳灿　高小平　归谈纯
　　　　　　　　李惠菁　王勤芬

上海市建筑建材业市场管理总站

2019 年 3 月

目　次

Contents

1 总 则

1.0.1 为适应本市经济发展的需要,提高住宅建设水平,满足广大市民对居住质量、居住功能、居住环境和防火安全的需求,结合本市的实际情况,制定本标准。

1.0.2 本标准适用于本市城镇新建建筑高度 100m 以下住宅的设计。改建、扩建城镇住宅的设计在技术条件相同时也可适用。建筑高度在 100m 及以上、150m 以下的高层住宅,除应符合本标准的要求外,其设计应进行专题论证。

1.0.3 住宅设计必须严格执行国家和本市的有关方针、政策和法规,体现以人为本、可持续发展、节能、节地、节水、节材、环保和海绵城市等指导思想,贯彻适用、安全、经济、美观的设计原则。

1.0.4 住宅设计应符合本市城市规划的要求,并与周围环境相协调。

1.0.5 住宅设计应推行标准化、模数化和多样化,因地制宜地积极采用新技术、新工艺、新材料、新产品,推广装配式住宅、工业化建造技术和模数协调技术,促进住宅产业现代化。

1.0.6 实施全装修的新建住宅,其建筑设计与装修设计应同步进行。

1.0.7 住宅设计应从建筑全寿命期考虑,宜采用"套型可变"的设计理念,在满足近期使用要求的同时,兼顾改造的可能性。

1.0.8 本标准所用住宅层数的表述与相关的国家和本市规范、标准、规定相统一,涉及消防的部分应同时满足现行国家标准《建筑设计防火规范》GB 50016 中"建筑高度"的计算要求。

1.0.9 住宅设计除应执行本标准外,尚应符合国家和本市现行有关标准的规定。

2 术 语

2.0.1 住宅 residential buildings

供家庭居住使用的建筑。

2.0.2 套型 dwelling unit

由居住空间和厨房、卫生间、阳台等共同组成的基本住宅单位。

2.0.3 居住空间 habitable space

卧室、起居室(厅)等的统称。

2.0.4 卧室 bed room

供居住者睡眠、休息的空间。

2.0.5 起居室(厅) living room

供居住者会客、娱乐、团聚等活动的空间。

2.0.6 阳台 balcony

附设于建筑物外墙,设有栏杆或栏板,可供人活动的空间。

2.0.7 露台 terrace

设置在屋面、首层地面或雨篷上的供人室外活动的有围护设施的平台。

2.0.8 凹口 notch

为了房间的通风采光而在建筑平面上采用的凹形槽口。

2.0.9 层高 storey height

上下相邻两层楼面或楼面与地面之间的垂直距离。

2.0.10 室内净高 interior net storey height

楼面或地面至上部楼板底面或吊顶底面之间的垂直距离。

2.0.11 室内净宽 interior net width

墙(柱)与墙(柱)之间的水平距离。

2.0.12 低层住宅 low-rise dwelling building

一至三层的住宅。

2.0.13 多层住宅 multi-stories dwelling building

四至六层的住宅。

2.0.14 中高层住宅 medium high-rise dwelling building

七至九层且高度不大于 27m 的住宅。

2.0.15 高层住宅 high-rise dwelling building

十层及十层以上或高度大于 27m 的住宅。

2.0.16 商住楼 commercial-residential building

下部商业用房与上部住宅组成的建筑。

2.0.17 塔式住宅 tower-type apartment building

以共用楼梯或楼梯与电梯组成的交通中心为核心,将多套住房组织成一个独立单元式平面,且每套进户门至楼梯间门或前室门的距离不超过 10m 的住宅。

2.0.18 通廊式住宅 gallery apartment building

由共用楼梯或楼梯与电梯通过内、外廊进入各套住房,且至少有一套住房的进户门至楼梯间门或前室门的距离超过 10m 的住宅。

2.0.19 单元式住宅 combined apartment building

由多个住宅单元组合而成,每个单元均设有楼梯或楼梯与电梯的住宅。

2.0.20 跃层式住宅 duplex apartment building

套内空间跨越两个或三个楼层且设有套内楼梯的住宅。

2.0.21 轮椅坡道 ramp for wheelchair

在坡度和宽度以及地面、扶手、高度等方面符合乘轮椅者通行的坡道。

3 总体设计

3.1 一般规定

3.1.1 总体设计应注重居住环境质量的提高,注意建筑与自然的和谐,重视生态环境的建设,合理进行功能分区,组织好人流和车流,方便居民生活,有利安全防卫和组织管理。

3.1.2 总体设计应符合城市规划和居住区规划的要求,除应执行现行国家标准《城市居住区规划设计规范》GB 50180 外,还应执行上海市相关规划管理的规定。

3.1.3 住宅建设应按现行上海市工程建设规范《城市居住地区和居住区公共服务设施设置标准》DGJ 08-55 的要求,配置与人口规模相对应的公共服务设施。

3.1.4 住宅建设应按现行上海市工程建设规范《建筑工程交通设计及停车库(场)设置标准》DGJ 08-7 的要求,配置与居住规模和标准相对应的机动车泊位和非机动车泊位,并按相关规定配置电动汽车充电基础设施。采用机械式停车库的,其设计应符合现行上海市工程建设规范《机械式停车库设计规程》DGJ 08-60 的要求。电动自行车充电区域的消防设计应符合现行国家和上海市的相关规定。

3.1.5 居住区域内的道路、绿地和公共服务设施应满足现行国家标准《无障碍设计规范》GB 50763 和上海市工程建设规范《无障碍设施设计标准》DGJ 08-103 中对于老年人、残疾人等居住者的特殊使用要求。

3.1.6 居住区总平面设计、竖向设计、建筑单体设计、绿化环境设计等内容应满足上海市海绵城市建设相关要求。

3.1.7 全装修住宅设计应符合现行上海市工程建设规范《全装修住宅室内装修设计标准》DG/TJ 08－2178 的相关规定。

3.2 居住环境

3.2.1 住宅的建筑间距和日照应符合上海市城市规划管理的有关规定。

3.2.2 居住区域内道路应满足消防、救护等车辆的通行要求，并符合防灾救灾的要求。道路最小宽度应符合现行国家标准《城市居住区规划设计规范》GB 50180 的相关规定。

3.2.3 绿地率和集中绿地的设置应分别符合上海市绿化管理及城市规划管理的有关规定。

3.2.4 居住区域围墙应通透。

3.2.5 居住区域宜进行景观设计，景观设计宜以植绿为主。绿植景观的竖向设计应以总体设计布局和控制高程为依据，营造有利于雨水就地消纳的地形并与相邻用地相协调。当景观设计为水景时，用水水源应按现行国家标准《民用建筑节水设计标准》GB 50555 的要求执行。

3.2.6 居住区域内宜设置雨水控制与利用系统应符合现行国家标准《建筑与小区雨水控制与利用工程技术规范》GB 50400 的要求。临近河道的居住小区宜综合利用河道水。

3.2.7 居住区域内应设置给水、污水、雨水、燃气、电力、通信和有线电视等管线。各类管线必须与城市管线相衔接，并应按照上海市管线工程规划管理的相关规定，采用地下敷设的方式进行管线综合设计。

3.2.8 有城市污水管网时，生活污水应纳入城市污水管网内，并应符合现行国家标准《污水排入城镇下水道水质标准》GB/T 31962 的相关规定。无城市污水管网时，生活污水应进行处理，达标后排放。

3.2.9 居住区域内应科学合理设置生活垃圾分类收集容器,收集容器设置应当符合垃圾分类投放需要。

3.3 消防车道、消防车登高操作面、消防车登高操作场地

3.3.1 居住小区消防车道应符合下列要求:

1 低层、多层、中高层住宅的居住小区内应设有消防车道,其转弯半径(内径)不应小于 9m,其尽端式消防车道的回车场地不应小于 12m×12m。

2 高层住宅应设有环形消防车道,其转弯半径(内径)不应小于 12m,当确有困难时,应至少沿住宅的一个长边设置消防车道,但该长边所在建筑立面应为消防登高操作面,其尽端式消防车道的回车场地不应小于 15m×15m,供重型消防车使用时,不宜小于 18m×18m。

3 环形消防车道至少应有 2 处与其他车道连通。

3.3.2 联体的住宅群,当一个方向的长度超过 150m 或总长度超过 220m 时,消防车道的设置应符合下列之一的规定:

1 应沿建筑群设置环形消防车道或在适中位置设置穿过建筑的消防车道。

2 消防车道应沿建筑的两个长边设置,消防车道旁应设置室外消火栓,且建筑应设置与两条车道连通的人行通道(可利用楼梯间),其间距不应大于 80m。

3.3.3 消防车道的净宽度和净空高度均不应小于 4m;消防车道与建筑之间不应设置妨碍消防车操作的树木、架空管线等障碍物;消防车道靠近建筑外墙一侧的边缘距离建筑外墙不宜小于 5m;消防车道的坡度不宜大于 8%。

3.3.4 高层住宅应至少沿一个长边或周边长度的 1/4 且不小于一个长边长度的底边连续布置消防车登高操作场地。建筑高度不大于 50m 的高层住宅,连续布置消防车登高操作场地确有困难

时,可间隔布置,但间隔距离不宜大于 30m,且消防车登高操作场地的总长度仍应符合上述规定。消防车登高操作场地应符合下列规定:

1 场地与高层住宅之间不应设置妨碍消防车操作的树木、架空管线等障碍物和车库出入口。

2 场地的长度和宽度分别不应小于 15m 和 10m。对于建筑高度大于 50m 的高层住宅,场地的长度和宽度分别不应小于 20m 和 10m。场地应与消防车道连通,场地靠建筑外墙一侧的边缘距离建筑外墙不宜小于 5m,且不应大于 10m,场地的坡度不宜大于 3%。

3.3.5 消防车道的路面、消防车登高操作场地下及面的管道、暗沟、水池等应能承受消防车的压力。在地下建筑上布置消防车登高操作场地、消防车道时,地下建筑的顶板荷载计算应考虑消防登高车的压力。

3.3.6 消防车道、消防车登高操作面、消防车登高操作场地、室外消火栓、水泵接合器等处应设置明显标识。

4 套型设计

4.1 套 型

4.1.1 住宅应按套型设计,并应有卧室、起居室、厨房、卫生间、阳台等基本空间,并可结合住宅装修因地制宜设置贮藏空间。

4.1.2 住宅套型设计应以小套、中套为主。小套建筑面积应在 $60m^2$ 以内,中套建筑面积应在 $90m^2$ 以内,建筑面积大于 $90m^2$ 的应为大套。小套、中套、大套的居住空间个数宜符合表 4.1.2 的规定。

表 4.1.2 套型分类

套型	可分居住空间数(个)
小套	2
中套	3
大套	4~5

4.1.3 每套住宅出入口宜设过渡空间。

4.1.4 小套、中套宜有一个居住空间,大套宜有两个居住空间向南或南偏东 30°~南偏西 30°。

4.1.5 套型设计应组织好自然通风,并应符合以下规定:

   1 低层、多层住宅卧室、起居室的通风开口面积不应小于该房间地板面积的 1/15;中高层、高层住宅卧室、起居室的通风开口面积不应小于该房间地板面积的 1/20。

   2 厨房的通风开口面积不应小于该房间地板面积的 1/10,且不得小于 $0.60m^2$。

   3 明卫生间的通风开口面积不应小于该房间地板面积的 1/20。

4.1.6 套型设计宜符合现行国家标准《建筑模数协调标准》GB/T 50002的相关规定。功能分区应明确合理,洁污分离、动静分离。合理安排各空间的序列,减少交通面积,组织好公共空间和私密空间的关系,避免相邻住户的视线干扰。

4.1.7 套内应预留洗衣机位置。

4.1.8 卧室与对应的卫生间之间不应设计为错层。

4.1.9 住宅居住空间(卧室、起居室)楼板设计厚度不应小于150mm,其安全、隔声、节能应满足相关要求。

4.2 卧 室

4.2.1 卧室的使用面积不应小于下列规定:

    1 双人卧室 $10m^2$。

    2 单人卧室 $6m^2$。

4.2.2 卧室短边轴线应符合以下要求:

    1 双人卧室的短边轴线宽度不宜小于 3.30m。

    2 单人卧室的短边轴线宽度不宜小于 2.40m。

4.3 起居室

4.3.1 起居室的使用面积,小套、中套不应小于 $12m^2$,大套不应小于 $14m^2$。

4.3.2 起居室的短边轴线宽度宜为 3.60m~4.20m。

4.3.3 起居室内门洞设置应考虑使用功能的要求,减少直接开向起居室门的数量,且至少一侧的墙面直线长度不宜小于3.00m。

4.3.4 套型内无独立的餐厅时,起居室应兼有用餐的空间。

4.4 厨　房

4.4.1 厨房应设计为独立可封闭的空间。其使用面积,小套不应小于 4.0m²,中套不应小于 5.0m²,大套不应小于 5.5m²。

4.4.2 低层、多层住宅的厨房应有直接采光、自然通风。中高层、高层住宅的厨房应有直接采光、自然通风或开向公共外廊的窗户,但不得开向前室或楼梯间。

4.4.3 厨房应设置排油烟道。中高层、高层住宅应设置垂直排油烟道。

4.4.4 厨房内设备、设施、管线应按使用功能、操作流程整体设计。宜配置洗涤池、灶台、操作台、吊柜,并应预留排油烟器、热水器等设施的位置。操作面的净长不宜小于 2.10m。

4.4.5 单排布置设备的厨房净宽不应小于 1.50m;双排布置设备的厨房净宽不应小于 2.10m。

4.4.6 厨房宜配设服务阳台,污洗池宜设在服务阳台上。

4.5 卫生间

4.5.1 住宅的卫生间,应至少配置便器、洗浴器、洗面器三件卫生设备或为其预留设置位置及条件。当套型内仅设有一个卫生间时,宜采用分离式布置。三件卫生设备集中布置的卫生间的使用面积不应小于 3.5m²。

4.5.2 卫生间宜有直接采光、自然通风;有多个卫生间时,至少应有一间有直接采光、自然通风。无通风窗的卫生间应有通风换气措施。

4.5.3 卫生间内设备、设施及管线应整体设计。

4.5.4 无前室的卫生间的门不应直接开向起居室、餐厅。

4.5.5 卫生间不应布置在下层住户厨房、卧室、起居室和餐厅的上层。当布置在本套内其他房间的上层时,应采取防水、隔声和便于检修的措施。

4.5.6 有无障碍设计要求的住宅卫生间应设置无障碍扶手等设施,其设置应符合现行国家标准《无障碍设计规范》GB 50763 以及上海市工程建设规范《无障碍设施设计标准》DGJ 08-103 的相关规定。

4.6 过道及套内楼梯

4.6.1 住户出入口过道净宽不宜小于 1.20m;通往卧室、起居室的过道净宽不应小于 1.00m;通往厨房、卫生间、贮藏室的过道净宽不应小于 0.90m。

4.6.2 跃层式住宅应符合下列规定:

　　1 多层、中高层、高层住宅每套所跨跃的楼层不应超过 2 层。

　　2 低层住宅每套所跨跃的楼层不应超过 3 层。

4.6.3 跃层式住宅的套内楼梯应符合下列规定:

　　1 楼梯的梯段净宽,当一侧临空时,不应小于 0.80m;当两侧有墙时,不应小于 1.00m。

　　2 楼梯的踏步宽度不应小于 0.22m,高度不应大于 0.20m;扇形踏步自最窄边起 0.25m 处的踏步宽度不应小于 0.22m。

　　3 楼梯应设扶手。

　　4 楼梯平台部位的净高不应小于 1.90m;楼梯梯段部位的净高不应小于 2.00m。

4.6.4 住宅户内最远点至直通疏散走道的户门的直线距离不应大于表 4.6.4 的规定。

表 4.6.4 住宅户内最远点至直通疏散走道的户门的直线距离(m)

住宅建筑类别	一、二级	三级	四级
低层、多层、中高层	22	20	15
高层	20	—	—

注:跃层式住宅,户内楼梯的距离可按其梯段水平投影长度的 1.50 倍计算。

4.7 阳台、凹口

4.7.1 住宅主要阳台的净深不应小于 1.30m。住宅外墙面凹口净宽不宜小于 1.80m,且深度与开口宽度之比宜小于 2。

4.7.2 低层、多层住宅的阳台栏杆或栏板的净高不应低于 1.05m。中高层、高层住宅的阳台栏杆或栏板的净高不应低于 1.10m。100m 及以上的住宅,位于 100m 高度以上的阳台应为封闭阳台。

4.7.3 阳台栏板、栏杆设计应防止儿童攀登。垂直杆件间净距不应大于 0.11m;放置花盆处必须采取防坠落措施。

4.7.4 阳台不宜采用玻璃栏板。当采用玻璃阳台栏板时,应符合国家、行业和本市相关的应用技术要求。

4.7.5 晾晒衣物的设施宜设置在阳台内。顶层阳台应设深度不小于阳台尺寸的雨罩。设置露台的,雨罩深度不应小于 1.30m。相邻住户的毗连阳台应设分户隔板。

4.7.6 阳台、雨罩应有组织排水,且应与屋面排水分开设置。屋面雨水管不得设置在封闭阳台内。

4.7.7 阳台应预留洗衣机、污洗池等设施设置的位置。

4.7.8 燃气管、避雷装置等垂直管线,当安装在室外临近阳台或窗的部位时,应有防攀登措施。

4.8 层高、净高

4.8.1 住宅层高宜为 2.80m，且不应大于 3.60m。

4.8.2 卧室、起居室的室内净高不应低于 2.50m。局部净高不应低于 2.20m，且其面积不应大于室内使用面积的 1/3。

4.8.3 厨房、卫生间的室内净高不应低于 2.20m。

5 公共部位设计

5.1 楼 梯

5.1.1 高层住宅至少应有 1 部楼梯通至屋顶平台,通至屋顶平台的门宜为普通玻璃门,且朝屋顶方向开启。单元式住宅各单元的楼梯间宜在屋顶连通,当每单元只设 1 部楼梯时,楼梯间应在屋顶连通。

5.1.2 设封闭或防烟楼梯间的住宅,屋顶层电梯机房等房间的门不应开在楼梯间、前室内。

5.1.3 住宅的楼梯应设置扶手,楼梯宽度应符合下列规定:

　　1 楼梯的梯段净宽,低层、多层住宅不应小于 1.00m,中高层、高层住宅不应小于 1.10m,100m 及以上的高层住宅不应小于 1.20m。

　　2 通过底部楼梯直接进入楼层套型的叠加式住宅,梯段净宽不应小于 1.00m。

　　3 楼梯平台净深不应小于楼梯的梯段净宽,且不应小于 1.20m。

　　4 当住宅楼梯开间为 2.40m 时,其平台净深不应小于 1.30m。

5.1.4 当住宅单元采用剪刀楼梯间时,应符合现行国家标准《建筑设计防火规范》GB 50016 的要求,同时应符合下列规定:

　　1 楼梯平台的净宽不应小于 1.30m。

　　2 建筑高度 100m 及以上的高层住宅不宜设置剪刀楼梯间。

5.1.5 当每单元设置不少于 2 个安全出口时,2 个安全出口应能通过公共区域进行自由转换,且楼层任一点应可通至所有安全出口。

5.1.6 防烟楼梯间、独立前室、共用前室、合用前室及消防电梯前室等需要设置防排烟设施的部位,其设计应符合现行国家标准《建筑防烟排烟系统技术标准》GB 51251 的相关规定。

5.2 电 梯

5.2.1 多层及以上住宅每单元应设置电梯,并应满足下列要求:

　　1 十二层以下(不包括十二层)应设置至少 1 台电梯。

　　2 除本标准第 5.3.3 条的情况外,十二层至十八层的高层住宅每单元应设置至少 2 台电梯。

　　3 十八层(不包括十八层)以上高层住宅每单元应设置至少 2 台电梯。

　　4 每单元应至少设置 1 台可容纳担架的电梯,电梯厅应满足担架通行要求。

　　5 单元门厅、电梯厅净高不宜小于 2.40m,局部净高不应小于 2.20m。

5.2.2 建筑高度 100m 及以上住宅的电梯设置除满足第 5.2.1 条规定外,其设置数量还应经过计算确定。

5.2.3 建筑高度大于 33m 的住宅应设置消防电梯,并应符合现行国家标准《建筑设计防火规范》GB 50016 的相关规定。

5.2.4 电梯应在设有户门或公共走廊的每层停靠,且每台电梯均应通至地下汽车库。当地下室功能仅为自行车库或设备用房时,至少 1 台电梯宜到达该层面。

5.2.5 设置电梯的住宅,每单元应设置至少 1 台无障碍电梯,每层均可直达户门。

5.3　走道、连廊

5.3.1 住宅公共部位的走廊,其净宽不应小于1.20m,净高不应低于2.20m。

5.3.2 十八层以上的塔式住宅、每单元设有2个防烟楼梯间的单元式住宅,当每层超过6套,或短走道上超过3套时,应设置环绕电梯或楼梯的走道。

5.3.3 十二层至十八层住宅,当每单元设置1台电梯时,应在单元与单元之间设置连廊,并应在十二层及十二层以上每三层相邻的两单元的走道、前室或楼梯平台设置连廊。连廊应有顶盖,其净宽不应小于1.20m,净高不应低于2.20m;每单元每层不超过2套的十二层至十四层(不包括十四层跃十五层,且底部无敞开空间)的单元式住宅,可直接在屋顶设置连廊。

5.3.4 设置无障碍出入口及无障碍电梯的住宅,入口至电梯、电梯至户门之间的通道应满足现行国家标准《无障碍设计规范》GB 50763以及上海市工程建设规范《无障碍设施设计标准》DGJ 08-103的相关规定。

5.4　管道井

5.4.1 住宅不应设置垃圾管道井。

5.4.2 除可燃气体管道井外的其他管道井,可设在前室、合用前室内,其检修门应为丙级防火门,且在每层楼板处采用相当于楼板耐火极限的不燃烧体作防火分隔。

5.5　出入口

5.5.1 有电梯的住宅出入口应设置轮椅坡道。

5.5.2 未设置电梯的低层住宅应按出入口总数10％的比例设置轮椅坡道。当设置有无障碍住房时，其出入口应设置轮椅坡道。

5.5.3 住宅出入口处应设置信报箱、信报间或信报柜，投入口应设在门禁区域以外。

5.5.4 住宅出入口应有防雨措施。

5.6 公共用房

5.6.1 住宅的公共用房（裙房）等不应布置餐饮等有噪声及有废气污染的商业性设施。

5.6.2 经营、存放和使用甲、乙类火灾危险性物品的商店、作坊和贮藏间，严禁设于住宅公共用房（裙房）内。

5.6.3 住宅楼内设置的商业、办公等公共用房，其出入口和楼梯与住宅的出入口和楼梯必须分开设置。

5.6.4 商业服务网点应符合现行国家标准《建筑设计防火规范》GB 50016 的规定。

5.7 装 饰

5.7.1 住宅公共走道、公共部位及楼梯间的地面、墙和平顶应根据住宅的性质进行相适应的装饰。

5.7.2 住宅外墙饰面宜用涂料。

5.7.3 装修装饰材料的选用应符合现行国家标准《建筑设计防火规范》GB 50016、《民用建筑工程室内环境污染控制规范》GB 50325 和《建筑内部装修设计防火规范》GB 50222 的规定。

5.8 层数折算

5.8.1 当住宅建筑中有一层或若干层的层高超过3m时，应对这些层按其层高总和除以 3m 进行折算。折算的层数,当余数大于或等于 1.50m 的,建筑层数应按 1 层计算;余数不足 1.50m 的不计入建筑层数。

5.8.2 建筑总高度不超过 54m 的塔式、单元式住宅,当顶层为两层一套的跃层式住宅或底层设有敞开空间时,在满足结构、日照的条件下,可按实际层数减去一层后,对照本标准其他条文的规定设计。

5.9 安全避难

5.9.1 避难层(间)的设置应符合现行国家标准《建筑设计防火规范》GB 50016 的相关规定,同时应满足下列规定:

1 避难区的净面积应按 3 人/m² 计算;避难层(间)的净高不应低于 2.20m。

2 避难区除开向防烟楼梯间或其前室的门外,不得开设其他门洞。设备间的检修门应开向公共走道,不应直接开向避难区。

3 除供水管道外,其他管道不应直接敷设在避难区内。

4 避难层(间)上下窗槛墙的高度不应低于 1.20m,与相邻外墙开口的水平间距不应小于 1.50m。

5.9.2 建筑高度大于 54m 的高层住宅,每户应设置一间房间,该房间宜对应住宅的消防车登高场地布置,且应满足现行国家标准《建筑设计防火规范》GB 50016 的相关规定。

6 物理与室内环境性能设计

6.1 声环境

6.1.1 住宅应有良好的声环境,环境噪声应符合现行国家标准《声环境质量标准》GB 3096 的相关规定。

6.1.2 住宅建筑的分户墙及楼板构件的空气声计权隔声量评价量＋频谱修正量(R_w＋C)应大于 45dB,分隔住宅和非居住用途空间的楼板构件空气声计权隔声量评价量＋频谱修正量(R_w＋C_{tr})应大于51dB,外墙构件的空气声计权隔声量评价量＋频谱修正量(R_w＋C_{tr})应大于等于 45dB。户内卧室墙的空气声计权隔声量评价量＋频谱修正量(R_w＋C)应大于等于35dB,户内其他分室墙的空气声计权隔声量评价量＋频谱修正量(R_w＋C)应大于等于 30dB。

6.1.3 现场相邻两户之间的空气声计权标准化声压级差评价量＋频谱修正量($D_{nT,w}$＋C)应大于等于 45dB,现场分隔住宅和非居住用途空间的楼板空气声计权声压级差评价量＋频谱修正量($D_{nT,w}$＋C_{tr})应大于等于 51dB,现场外墙的空气声计权标准化声压级差评价量＋频谱修正量($D_{nT,w}$＋C_{tr})应大于等于 45dB。

6.1.4 住宅建筑居住空间的外窗,在交通干线两侧其空气声计权隔声量评价量＋频谱修正量(R_w＋C_{tr})应大于等于 30dB,其他应大于等于 25dB。

6.1.5 面临走道的户门,其空气声计权隔声量评价量＋频谱修正量(R_w＋C)应大于等于 25dB。

6.1.6 全装修住宅建筑的卧室、起居室的分户楼板构件计权规范化撞击声压级($L_{n,w}$)应小于 65dB,现场计权标准化撞击声压级($L'_{nT,w}$)应小于等于 65dB。

6.1.7 电梯井道不应紧邻卧室。紧邻起居、餐厅等其他居住空间时,应采取隔声措施。

6.1.8 水泵房不宜设在住宅建筑内;当设在住宅建筑内时,卧室、书房、起居室的允许噪声级应符合本标准第6.1.10条的规定。

6.1.9 卫生洁具坐便器排污管道应进行减噪设计。

6.1.10 室内允许噪声级:卧室昼间不应大于45dB(A),夜间不应大于37dB(A);起居室不应大于45dB(A)。

6.1.11 建筑吸声隔声材料的燃烧性能应符合消防规定要求。

6.2 热环境

6.2.1 住宅建筑和围护结构的热工节能设计应符合现行上海市工程建设规范《居住建筑节能设计标准》DGJ 08－205 的相关规定。

6.2.2 住宅围护结构热桥部位应有保温措施,屋面、外墙、架空楼板、地下室顶板、窗框等部位内表面温度不应低于室内空气露点温度,并进行露点温度验算。

6.2.3 住宅建筑围护结构采用保温时,保温材料的燃烧性能应符合现行国家标准《建筑设计防火规范》GB 50016、上海市工程建设规范《民用建筑外保温材料防火技术规程》DGJ 08－2164 和相关文件的规定。

6.2.4 住宅建筑外窗外遮阳装置,应满足国家和上海市现行有关标准要求。

6.3 室内空气质量

6.3.1 室内装修材料及装修工艺应控制有害物质的含量。

6.3.2 室内空气污染物的活度和浓度应符合国家和行业现行有关标准要求。

7 构配件设计

7.1 门 窗

7.1.1 住宅分户门应采用安全防卫门,且上端不应开气窗。

7.1.2 建筑外窗设置应符合现行上海市工程建设规范《民用建筑外窗应用技术规程》DG/TJ 08－2242 的相关规定。

7.1.3 住宅底层的外窗和阳台门、开向公共部位或走廊的窗以及外窗口下缘距屋面(平台)小于 2.0m 时,应采取防卫措施。

7.1.4 临空的外窗,窗台距楼面、地面的净高低于 0.90m 时,应设置防护设施。当设置凸窗时,其防护设施应符合下列规定:

    1 当凸窗窗台高度低于或等于 0.45m 时,其防护高度从窗台面起算不应低于 0.90m。

    2 当凸窗窗台高度高于 0.45m 时,其防护高度从窗台面起算不应低于 0.60m。

    3 如凸窗上有可开启的窗扇,其可开启窗扇底距窗台面的净高低于 0.90m 时,开启扇窗洞口处应有防护设施设置。其防护高度从窗台面起算不应低于 0.90m。

    4 临空外窗处的防护设施设计宜与窗一体化设置。

7.1.5 套内门洞口宽度应符合下列规定:

    1 分户门不应小于 1.00m,分户门的净宽度不小于 0.90m;卧室门不应小于 0.95m。

    2 厨房门、单扇阳台门不应小于 0.80m;卫生间门不应小于 0.75m。

    3 贮藏室门不应小于 0.70m。

7.1.6 套内门洞口高度,除贮藏室门洞口不应小于 2.00m 外,其余门洞口高度不应小于2.10m,设有气窗的门洞口高度不应小于2.40m。

7.1.7 公共部位走廊的门的净宽应能满足消防疏散最小净宽的要求。洞口宽度不应小于1.10m,洞口高度不应小于2.10m。首层疏散外门的最小净宽不应小于1.10m。套内面向公共部位、走廊或凹口的门窗,应避免视线干扰;向公共走廊开启的窗扇,不应妨碍交通。

7.2 信报箱

7.2.1 信报箱、信报柜、信报间的设置应符合现行国家标准《住宅信报箱工程技术规范》GB 50631 及《住宅信报箱》GB/T 24295 的相关规定。

7.2.2 信报箱应设在明显、便于投递的位置,并宜选用嵌入式。

7.2.3 设有电控总门的住宅,当信报箱设置在总门外时,应有防雨措施。

7.2.4 高层住宅底层设置管理值班室时,宜结合管理值班室设置信报间和信报柜。

7.2.5 小区内宜预留智能快件箱设置的位置、电源,智能快件箱宜设置在住宅小区内具有便捷使用通道的地面层,方便邮件、快件的收投。智能快件箱的投递口位于室外时,应有防雨措施。

7.3 排油烟道、排气道

7.3.1 厨房垂直排油烟道的断面,应根据所担负的排气量计算确定。厨房垂直排油烟道应有防止油烟回流和串烟的措施并能方便检修、清洗。

7.3.2 厨房垂直排油烟道应独立设置。出屋顶口应安装无动力风帽。

7.3.3 高层住宅厨房垂直排油烟道、卫生间排气道应采用不燃烧体,其耐火极限不应低于 1.00h,每户排油烟口应有防火隔离措施。

7.3.4 厨房水平排油烟道的设计,应隐蔽、美观并有防止交叉污染的措施。

7.4 楼地面、屋面、墙身

7.4.1 底层卧室、起居室等居住空间地坪应有防潮的措施。住宅套内地下室应采取防水防潮措施。

7.4.2 无地下室住宅底层厨房、卫生间、楼梯间必须采用回填土分层夯实后浇筑的混凝土地坪。

7.4.3 与燃气引入管贴邻或相邻,以及下部有管道通过的房间,其地面以下空间应采取防止燃气积聚的措施。

7.4.4 厨房、卫生间、太阳能热水器放置区楼板及卫生间墙身应设防水措施。

7.4.5 低层、多层住宅屋面宜设计为坡屋面;如果设计为平屋面,宜布置屋顶绿化。

7.4.6 住宅中设置太阳能热水系统的,应与屋面或墙面统一设计,预留安装集热板的位置及穿管的孔洞。

7.5 空调室外机座板

7.5.1 每套住宅应采取空调室外机的安置措施。

7.5.2 住宅空调室外机座板设计应符合下列规定:

    1 空调室外机座板的设置应安全及便于空调室外机的安装和维修保养。

    2 空调室外机座板应与建筑一体化设计,兼顾美观、适用、有序。

3 空调室外机座板宜采用钢筋混凝土结构。

7.5.3 不同住户空调机室外机座板相邻设置时,应采取安全隔离措施。

7.5.4 空调室外机应设置在通风良好的场所,并避免热气流和噪声对周围环境造成不利影响。设置遮挡装饰百叶时,应与空调主机保持一定距离,百叶不应导致空调室外机排风不畅或进排风短路。装饰百叶处的有效流通面积系数不应小于 0.8。百叶角度宜向下 0°~20°。

7.5.5 设置户式中央空调或空气源热泵(供水)时应设置设备平台,设备平台不得紧邻卧室、起居外墙设置,且应设排水设施。

7.5.6 建筑高度在 100m 及以上的高层住宅应设置专用设备平台,集中布置空调机组。

7.6 防火分隔构造

7.6.1 防火分隔的建筑构造的设置应符合现行国家标准《建筑设计防火规范》GB 50016 的相关规定。

7.6.2 楼梯间或前室(合用前室)与房间窗口之间,楼梯间与前室(合用前室)的窗口之间,水平距离不应小于 1.00m;转角两侧的窗口之间最近边缘的水平距离不应小于 2.00m。

7.6.3 住宅建筑外墙上相邻单元住户开口之间的墙体宽度不应小于 1.00m;小于 1.00m 时,应在开口之间设置突出外墙不小于 0.60m 的隔板。

7.6.4 设置商业服务网点的住宅建筑,其居住部分与商业服务网点之间应采用耐火极限不低于 2.00h 的不燃性楼板和耐火极限不低于 2.00h,且无门、窗、洞口的防火隔墙完全分隔;住宅部分和商业服务网点部分的安全出口和疏散楼梯应分别独立设置。

7.6.5 中高层、高层住宅不应设置全封闭的内天井。

8 技术经济指标

8.0.1 住宅设计应计算下列技术经济指标：

 1 各功能空间使用面积（m^2）。

 2 套内使用面积（m^2/套）。

 3 套型分摊建筑面积（m^2/套）。

 4 套型阳台面积（m^2/套）。

 5 套型其他面积（m^2/套）。

 6 套型总建筑面积（m^2/套）。

 7 住宅楼总建筑面积（m^2）。

8.0.2 住宅设计技术经济指标计算，应符合下列规定：

 1 各功能空间使用面积应等于套内各功能空间墙体内表面所围合的水平投影面积。

 2 套内使用面积应等于套内各功能空间使用面积之和。

 3 套型阳台面积应等于套内各阳台面积之和。

 4 套型其他面积应等于套内凸窗、装饰性阳台、花池、空调室外机座板、结构板等面积之和。

 5 套型总建筑面积应等于套内使用面积、相应的建筑面积、套型阳台面积和套型其他面积之和。

 6 住宅楼总建筑面积应等于全楼各套型总建筑面积之和。

8.0.3 套内使用面积计算，应符合下列规定：

 1 套内使用面积应包括卧室、起居室、书房、厨房、卫生间、餐厅、过道、贮藏室、壁橱等使用面积的总和。

 2 跃层住宅中的套内楼梯按各层所占使用面积的总和计入。

 3 排烟道、通风道、管井等不计入套内使用面积。

4 套内使用面积按结构墙体表面积尺寸计算;有内保温层的,应按内保温层靠室内侧表面尺寸计算。

5 利用坡屋顶内空间时,屋面板下表面与楼面的净高小于或等于 1.50m 的空间不应计算使用面积;净高大于 1.50m 小于 2.20m 的空间应按 1/2 计入使用面积;净高大于或等于 2.20m 的空间应全部计入使用面积。

6 坡屋顶内的使用面积,应计入套内使用面积中。

7 当套内阳台的设计进深(取阳台围护结构外围至外墙面的最大垂直距离)不超过 1.8m(含 1.8m),且其水平投影面积小于或等于 8m^2 时,套内该阳台面积应按其水平投影面积的 1/2 计算。否则,应按其水平投影面积的全面积计算。

8 套型其他面积计算应符合规划部门的相关规定。

8.0.4 套型总建筑面积计算,应符合下列规定:

1 应按全楼各层外墙结构外表面及柱外沿所围合的水平投影面积之和,求出住宅楼建筑面积。当外墙设外保温层或幕墙时,应按保温层或幕墙外表面计算。

2 应以全楼总套内使用面积除以住宅楼建筑面积得出计算比值。

3 套型总建筑面积应等于套内使用面积除以计算比值所得面积,加上套型阳台面积和套型其他面积。

9 结构设计

9.0.1 设计采用的结构体系应符合国家、行业及本市现行相关规范、规程及标准的规定。

9.0.2 建筑结构的安全等级、设计使用年限应符合现行国家标准《工程结构可靠性设计统一标准》GB 50153 的相关规定。

9.0.3 混凝土结构的耐久性应根据结构的设计使用年限、结构所处的环境类别及作用等级进行设计,并应符合现行国家标准《混凝土结构设计规范》GB 50010 的相关规定,宜符合现行国家标准《混凝土结构耐久性设计规范》GB/T 50476 的相关规定。钢结构应根据住宅所处的环境、施工、维护条件等因素选用合理的防腐蚀设计方案且符合相关规范、规程的规定。防腐蚀设计应充分考虑钢结构全生命周期内的检查、围护和大修。

9.0.4 结构构件防火设计应符合现行国家标准《建筑设计防火规范》GB 50016 及相关规范、规程、标准的要求。

9.0.5 建筑工程抗震设防类别不应低于标准设防(丙)类,抗震设计应符合现行国家标准《建筑抗震设计规范》GB 50011、行业标准《高层建筑混凝土结构技术规程》JGJ 3 和上海市工程建设规范《建筑抗震设计规程》DGJ 08-9 的相关规定。

9.0.6 建筑的房屋高度、层数应根据抗震设防烈度、抗震设防类别、不同的结构型式符合现行国家标准《建筑抗震设计规范》GB 50011、行业标准《高层建筑混凝土结构技术规程》JGJ 3 和上海市工程建设规范《建筑抗震设计规程》DGJ 08-9 的相关规定。采用装配式结构时,尚应符合国家及上海市关于装配式居住建筑的相关规定。

9.0.7 建筑平面设计宜规则、对称,质量分布和刚度分布宜均匀,竖向构件宜上下贯通对齐。应尽量避免平面凹凸、平面楼板不连续、错层、刚度突变及竖向构件不连续等不规则情况。若存在上述不规则情况,应采取相应的计算分析及加强措施,以减小其不利影响。

9.0.8 现行行业标准《高层建筑混凝土结构技术规程》JGJ 3 中规定的 B 级及以上高度的高层剪力墙住宅建筑及砌体结构住宅建筑,不应在外角部墙体上开转角洞口。其他需在外角部剪力墙上开转角洞口时,相关剪力墙应采用现浇剪力墙,其两侧应避免采用一字短肢剪力墙、宜避免采用短肢剪力墙或一字墙,墙厚不应小于 200mm,且不宜小于层高的 1/15,并采取相应的计算分析及加强措施。

9.0.9 住宅的荷载取值应按现行国家标准《建筑结构荷载规范》GB 50009 中的相关条文取值,并应满足表 9.0.9 的补充规定。

表 9.0.9　活载补充规定

序号	用途	均布荷载标准值（kN/m²）	准永久值系数	组合值系数
1	套内楼梯	2.0	0.4	0.7
2	设水冲按摩式浴缸的卫生间	4.0	0.5	0.7
3	有分隔蹲厕公共卫生间	8.0 或按实际	0.6	0.7
4	管道转换层	4.0	0.6	0.7
5	设备平台	5.0 或按实际	0.6	0.7
6	水泵房	10.0 或按实际	0.9	0.7
7	变配电室	10.0 或按实际	0.9	0.7
8	室外地面均布活荷载	≥5.0	0.6	0.7

9.0.10 结构分析模型应根据结构实际情况确定。所选取的分析模型应能较准确地反映结构中各构件的实际受力状况。对于整体斜坡屋顶结构计算宜按实际情况建模。

9.0.11 平面规则的现浇钢筋混凝土结构及装配整体式钢筋混凝土结构在进行结构内力与位移计算时,可假定楼板在其自身平面内为无限刚性,设计时应采取相应的措施保证楼板平面内的整体刚度。当楼板可能产生较明显的面内变形时,计算时应考虑楼板的面内变形带来的不利影响。

9.0.12 结构设计时应采取有效措施减少温度作用效应。混凝土结构的建筑长度宜根据其结构型式的不同符合现行国家标准《混凝土结构设计规范》GB 50010 有关伸缩缝的最大间距的要求。砌体结构的住宅建筑的长度不宜超过 50m。在考虑温度作用及相应措施的情况下,住宅建筑长度的控制要求可以放宽。

9.0.13 结构楼梯构件设计应符合以下要求:

1 楼梯间与主体结构之间应有足够可靠传递水平地震作用的构件,四角宜设竖向抗侧力构件。

2 钢筋混凝土框架结构内力分析的计算模型应考虑楼梯构件的影响,并与不计楼梯构件影响的计算模型进行比较,按最不利内力进行包络设计。

3 楼梯间采用砌体填充墙时,除应符合现行国家标准《建筑抗震设计规范》GB 50011 相关规定外,尚应设置间距不大于 4m 的钢筋混凝土构造柱。

4 楼梯构件应符合下列构造要求:

　　1)梯柱截面不宜小于 250mm × 250mm 或 200mm × 300mm;梯柱截面纵向钢筋抗震等级一、二级时不应小于 4 Φ 14,三、四级时不应小于 4 Φ 12;箍筋应全高加密,间距不大于 100mm,箍筋直径不小于 8mm。

　　2)梯梁高度不宜小于 1/10 梁计算跨度且不宜小于 300mm。

　　3)梯板厚度不宜小于 1/28 计算板跨,配筋应双层双向,每

层钢筋不应小于 $\Phi 8@150$,并具有足够的抗震锚固长度。

5 楼梯梯段板与其相邻的剪力墙外墙应有可靠的侧向连接措施。

9.0.14 砌体结构、钢筋混凝土结构楼板应符合以下规定:

1 居住空间现浇楼板的结构厚度不应小于 110mm,屋面板的结构厚度不应小于 120mm,厨房、一般卫生间、阳台板的结构厚度不应小于 100mm,卫生间设同层排水的结构板厚度不应小于 120mm。现浇楼板混凝土强度等级不宜大于 C30,并应有减少楼面、屋面开裂的设计措施。

2 当采用预制混凝土叠合楼板时,应满足现行的上海市工程建设规范《装配整体式混凝土居住建筑设计规程》DG/TJ 08-2071 的相关要求。

3 装配整体式悬挑阳台(包括其他装配整体式悬挑构件)或外挑长度大于等于 1200mm 的现浇悬挑阳台,宜采用梁板式结构;若无法采用梁板结构时,必须采取加强悬挑根部的抗剪、抗倾覆措施。悬挑板的厚度不宜小于悬挑跨度的 1/10。

4 飘出长度大于等于 600mm 的挑檐、悬臂板等构件应双面配置钢筋,并在其悬挑根部应有可靠的锚固。

5 剪力墙外转角洞口所在的区域楼板应采用现浇混凝土楼板,楼板厚不应小于 120mm,且不宜小于墙肢开口两端斜边长度的 1/20,并宜在楼板内设置斜向拉结暗梁。

9.0.15 砌体结构、钢筋混凝土结构住宅承重结构部位的孔洞、槽口应预留,并应符合以下规定:

1 现浇楼板内埋设设备管线时不可并排集中布置。管线外径不应大于板厚的 1/3,交叉管线处管壁至板上下边缘距离不得小于 25mm。对于管线铺设处的楼板需采取相应的防裂措施。

2 在墙面设备管线铺设时,承重砌体墙不应设置水平或斜向通槽。

3 在填充墙上开槽敷设水平向管线（包括斜向管线）不应超过 1 道。所有管线的开槽深度不应超过墙体厚度的 1/2,并采取必要的加强密实封堵措施。

4 当填充墙体为半砖墙时,在半砖墙内不准暗敷管线。若不可避免,采用局部加设混凝土构造柱或卧梁将管线埋设于混凝土构构件内。

9.0.16 钢筋混凝土结构住宅出屋面的电梯、楼梯、水箱间应框架或剪力墙等竖向构件设置到其顶面,出屋面楼梯不应直接支撑在填充墙上。

9.0.17 依附于结构的围护结构、预制构件和非结构构件,应采取与主体结构可靠的连接或锚固措施,并应满足安全性和适用性要求。

9.0.18 地基基础设计应符合以下要求:

1 高层住宅应设置地下室,不计桩长的基础埋置深度不宜小于房屋高度的 1/18。

2 地基的设计应按承载力极限状态进行承载力计算和正常使用极限状态进行地基变形验算,并满足地基基础稳定性的要求。

3 低层、多层住宅结构及砌体承重结构的地基容许变形值或桩基的容许变形值应满足基础中心计算沉降值不应大于 150mm,倾斜不应大于 0.004 的要求。

4 高层住宅桩基的基础中心计算沉降值不应大于 150mm。建筑物高度小于 100m 的高层住宅,其倾斜不应大于 0.003;建筑物高度大于等于 100m 的高层住宅,其倾斜不应大于 0.0015;对于沉降要求较高的高层建筑,其基础中心计算沉降值不宜大于 100mm、倾斜不宜大于 0.001。

9.0.19 结构风振舒适度及楼盖结构舒适度应满足现行行业标准《高层建筑混凝土结构技术规程》JGJ 3 或《高层民用建筑钢结构技术规程》JGJ 99 的相关要求。对于城市轨道交通列车运行引发的邻近住宅建筑工程振动,需进行专项评估或专项设计,并满足现行上海市地方标准《城市轨道交通(地下段)列车运行引起的住宅建筑室内结构振动与结构噪声限值及测量方法》DB 31/T470的要求。

9.0.20 结构设计应符合国家及上海市相关绿色建筑设计的要求。应采用预拌(商品)混凝土、预拌(商品)砂浆。非承重墙体及围墙禁止使用黏土砖;零零线以上的承重墙体禁止使用实心黏土砖。

10 给水排水设计

10.0.1 住宅每人最高日生活用水定额不宜大于 230L。

10.0.2 住宅生活供水系统水质应符合国家和上海市现行有关标准的规定。

10.0.3 居住小区应充分利用市政管网水压直接供水。多层住宅宜采用变频恒压供水方式。叠压供水设计方案应经供水部门批准认可。

10.0.4 高层住宅最低配水点的静水压力大于 0.45MPa 时,生活给水系统应采用竖向分区。分区宜采用减压阀装置,并确保入户管给水压力不应大于 0.35MPa。

10.0.5 每户水表前的给水压力应经水力计算,并应符合下列规定:

  1 套内用水点压力不大于 0.20MPa,且不应小于用水器具的最低工作压力。

  2 每户水表前的静水压力不应小于 0.10MPa。当顶层为跃层时,表前的静水压力不应小于 0.13MPa。

10.0.6 给水支管的管径小于等于 25mm 时,其管道内的水流速宜为 0.8m/s～1.0m/s;热水支管管径小于等于 25mm 时,其管道内的水流速度宜为 0.6 m/s～0.8m/s。

10.0.7 住宅的消防给水除应符合现行国家标准《建筑设计防火规范》GB 50016 的相关规定外,尚应符合下列规定:

  1 十层及以上或建筑高度超过 27m 且不超过 100m 的住宅,其每层的公共部位应设置自动喷水灭火系统。

  2 100m 及以上的住宅,每层除不宜用水保护或灭火的部位外,其他所有部位应设置自动喷水灭火系统。

3 十层及以上或建筑高度超过 27m 的住宅，户内生活给水管道上宜设轻便消防水龙。

10.0.8 生活饮用水池（箱）应设置消毒装置。水池（箱）溢流管出口处应设防虫网罩，人孔盖应加锁，并宜设置水质监测及相关报警装置。

10.0.9 住宅应预留安装热水供应设施的条件，或设置热水供应设施。热水管宜设计到用水点。低层及多层住宅应统一设计并安装符合相关标准的太阳能热水系统。

10.0.10 住宅分户表应采用口径不小于 20mm 的水表。当有集中供热水系统时，每户尚应设置口径不小于 15mm 的热水水表。

10.0.11 室外明露和住宅公共部位有可能冰冻的给水、消防管道应有防冻措施。

10.0.12 防冻保温材料、保护层材料应选用符合现行国家标准《建筑材料及制品燃烧性能分级》GB 8624 中规定的不低于 B1 级标准的材料；保温材料宜选用柔性泡沫橡塑材料，其使用密度为 $40 \text{kg/m}^3 \sim 60 \text{kg/m}^3$，导热系数小于等于 $0.036 \text{W/(m} \cdot \text{K)}$。

10.0.13 室外管道及阀门防冻保温层最小厚度应符合表 10.0.13 的规定。

表 10.0.13　室外管道及阀门防冻保温层最小厚度（mm）

管材	管径、保温层厚度	室外管道及阀门		
塑料管	管径	＜dn63	≥dn63	—
	厚度	50	32	—
金属管、金属复合管	管径	＜DN50	DN50～DN70	DN80～DN200
	厚度	50	32	25

注：1　室外包括建筑采用镂空窗户或与室外空间直接连接相通的楼梯、走道、阳台和地下出入口等。

　　2　当采用其他保温材料时，防冻保温层厚度应经计算确定。

10.0.14 室外防冻保温层应安装保护层；室内防冻保温层宜安装保护层。保护层应符合下列规定：

1 宜采用防锈铝板外壳,其厚度应不小于 0.50mm。

2 选用塑料材质的保护壳时,其材质应具有防紫外线辐射的性能。

10.0.15 屋顶水箱应设置在通风良好、不结冻的房间内。设在有镂空窗房间内的水箱应有防冻保温措施,防冻保温层厚度应不小于 50mm。

10.0.16 室内外热水管、贮热水箱、热交换器等均应保温。

10.0.17 卫生间宜设置防干涸两用地漏。当洗衣机单独设置时,宜在洗衣机附近设置防止溢流的地漏,水封深度不应小于 50mm。

10.0.18 四层及四层以上住宅,卫生间连接坐便器的污水立管,宜设置专用通气立管并设连通管。

10.0.19 给排水管道设置应符合下列规定:

1 厨房和卫生间的排水横管应设在本套内,不得穿越楼板进入下层住户。

2 厨房洗涤盆的废水排水管应单独设置,不得与卫生间污水管连接。排水管道不得穿越卧室。

3 废水立管、污水立管应暗敷;给水管、热水管宜暗敷。管道不宜设置在靠近与卧室贴邻的内墙。

4 给水管不宜穿越卧室、贮藏室和壁橱。

10.0.20 空调机组的室内机凝结水与室外机溶霜水应设专用排水管道,有组织地间接排水。

10.0.21 水泵应选用低噪声节能型水泵。卫生器具和配件应采用节水型产品。排水管道应选用降噪、静音管材。

10.0.22 生活给水管不应采用镀锌钢管。

10.0.23 居住小区内埋地污水管、雨水管应采用塑料管。

10.0.24 室外排水检查井不得采用黏土砖砌井。

10.0.25 住宅小区设有沿街商铺的,排水应设置独立的污水管道,接至小区污水总排出口。污水排水总管与市政污水管网连接前应设置排水检测井。

10.0.26 给水泵房内生活饮用水池(水箱)的上部,不得有污废水管道穿越。屋顶水箱应设有专用排水管道,排水至污水管网。

10.0.27 生活水泵房周边 10m 范围内不得有污染源。

10.0.28 生活水泵房供水范围不宜大于 40 000m² 住宅建筑面积,且供水半径不宜大于 150m。

10.0.29 阳台应设排水立管,阳台地漏可接纳洗衣机排水和飘进阳台的雨水,排水管排入污水系统并应采取防臭措施。

10.0.30 同层排水的形式应根据卫生间空间、卫生器具布置、室外环境气温等因素,经技术经济比较确定。同层排水设计应符合现行国家标准《建筑给水排水设计规范》GB 50015 及上海市工程建设规范《建筑同层排水系统应用技术规程》的相关规定。

11 燃气设计

11.0.1 新建住宅应设计燃气管道。

11.0.2 使用燃气的住宅,每户应配置燃气计量表1具,并根据住宅需求燃气用具的种类、数量和额定用气量确定燃气用量计量表的规格。天然气不应小于 $2.5m^3/h$;管道液化石油气不应小于 $1.6m^3/h$。

11.0.3 燃气计量表宜安装在套外公用部位表箱内;当设在套内时,应安装在厨房或服务阳台内。设在厨房或服务阳台内时,计量表宜明装,或安装在有通风条件的表箱(柜)内,并应符合抄表、安装、维修及安全使用的要求。

11.0.4 燃气管道禁止穿过或设置在封闭楼梯间、防烟楼梯间及其前室内。燃气管道不应设置在敞开楼梯间内,当可燃气体管道和可燃气体计量表确需设置在住宅的敞开楼梯间内时,应采用金属管和设置切断气源的阀门。

11.0.5 燃气立管、调压器和燃气表前、燃具前、测压点前、放散管起点等部位应设置手动快速式切断阀。

11.0.6 燃气管的管材宜采用热镀锌钢管、铜管、不锈钢波纹管和其他符合相关标准的管材。

11.0.7 燃气管道宜明敷,不得设在承重墙、地板夹层、吊顶内;当暗敷时,应符合相关标准的规定。

11.0.8 燃气热水器安装应符合下列规定:

    1 应设置在厨房或服务阳台内有通风条件的部位;

    2 应预留安装位置和烟气可直接排放至户外大气的排气孔;

    3 应设置排至室外的专用废气排放管,严禁与排油烟管道合用。

11.0.9 用气场所宜设燃气泄漏保护装置。

11.0.10 燃气设计除应符合本标准外，尚应符合国家、行业和上海市现行有关标准的规定。

12 供配电及照明设计

12.1 用电负荷

12.1.1 每套住宅用电负荷计算功率不应小于表 12.1.1 的规定。

表 12.1.1 用电负荷计算功率

建筑面积 $S(m^2)$	用电负荷计算功率(kW)
$S \leqslant 90$	8
$90 < S \leqslant 120$	10
$120 < S \leqslant 150$	12
$S > 150$	每户总建筑面积，按 80W/m² 计算

12.1.2 每套住宅用电负荷功率不大于 12kW 时,宜单相进户;超过 12kW 或设计有三相电器设备时,应采用三相进户。

12.2 供电、配电与计量

12.2.1 建筑高度大于 54m 的住宅建筑的消防系统、公共安防系统和电梯应按一级负荷要求供电,公共照明、生活水泵和智能化系统宜按一级负荷要求供电;除低层住宅外的其他住宅建筑,其消防系统、公共安防系统和电梯应按二级负荷要求供电,公共照明、生活水泵和智能化系统宜按二级负荷要求供电。

12.2.2 建筑高度为 150m 及以上的住宅建筑应设柴油发电机组;建筑高度 100m 及以上但不大于 150m 的住宅建筑宜设柴油发电机组,当未设柴油发电机组时,可在变电所或总配电间低压母线处预留外接临时电源所需的接口。

12.2.3 住宅应急照明配电箱应由专用回路供电,可为多个楼层配电。

12.2.4 当住宅小区采用变频恒压供水方式时,变频泵宜按一级负荷要求供电。

12.2.5 住宅建筑应分户设置电能表。

12.2.6 低层住宅和多层住宅的电能表宜在底层集中安装。

12.2.7 高层住宅的电能表宜按楼层集中安装在配电间、电能表间或配电管道井内。配电管道井的进深不宜小于 0.6m,面宽不宜小于 1.5m;配电间或电能表间的进深不宜小于 1.0m,面宽不宜小于 1.2m。

12.2.8 供配电线路应采用符合安全和防火要求的敷设方式布线,不应采用护套线明敷。

12.2.9 由电能计量箱引至住户配电箱的单相进户铜导线截面不应小于 $10.0mm^2$,三相进户铜导线截面不应小于 $6.0mm^2$;套内照明分支回路的铜导线截面不应小于 $1.5mm^2$,插座分支回路的铜导线截面不应小于 $2.5mm^2$。

12.2.10 住宅配电系统的设计尚应符合下列规定:

1 应采用 TT 或 TN 系统接地形式,并应进行总等电位联结。

2 设有洗浴设备的卫生间应做局部等电位联结。

3 低层、多层住宅的垂直配电干线宜采用铜芯导线穿管敷设。

4 中高层及以上住宅的垂直配电干线宜采用预分支电缆或母线槽,并应在管井或配电管弄内敷设。

5 中高层及以上住宅应设总配电间。若地下建筑有地下二层及以上的,总配电间可设在地下一层;若地下建筑仅有地下一层,总配电间宜设置在地面底层;当必须设在地下一层时,应采取有效的防水措施。

6 中高层及以上住宅的电梯应在末端配电箱设自动转换开

关,其他住宅的电梯可在末端配电箱设自动转换开关。

7 除全程穿金属管敷设外,住宅中的电缆应具备低烟、低毒、阻燃特性。

8 消防设备配电干线应采用耐火电缆。

9 电源总进线、电子信息系统配电箱、电梯配电箱及户外配电箱等宜设置电涌保护器。

12.2.11 新建住宅小区应设置电动汽车和电动自行车的充电设施,其设置数量及电能计量方式应符合国家和上海市现行相关标准的规定。

12.2.12 住宅建筑电气防火设计应符合现行国家标准《建筑设计防火规范》GB 50016、《汽车库、修车库、停车场设计防火规范》GB 50067 和上海市相关标准的规定。

12.3 电源插座

12.3.1 配电间、电能表间、电信间、电梯机房、电梯坑及电梯井道内均应设置电源插座。

12.3.2 住户单元门口和信息箱内均应设置电源插座。

12.3.3 所有电源插座均应选用安全防护型,其数量和位置应根据室内用电设备和家具布置综合考虑。卫生间电源和封闭式阳台插座尚应具有防溅功能,其安装位置应符合现行国家标准《低压电气装置 第7-701部分:特殊装置或场所的要求 装有浴盆或淋浴的场所》GB 16895.13 的相关规定。

12.3.4 非全装修住宅不设计插座。非集中空调系统的全装修住宅,其客厅、卧室、书房均应设空调设备专用插座,厨房、卫生间可设空调设备专用插座。

12.3.5 全装修住宅电源插座的设置应满足智能家居系统功能要求。除空调插座外,全装修住宅电源插座的设置数量不应少于表 12.3.5 的规定。

表 12.3.5　电源插座的最少设置数量

房间名称	电源插座最少设置数量
起居室	单相二、三孔组合插座 5 只
主卧室、双人卧室	单相二、三孔组合插座 6 只
单人卧室	单相二、三孔组合插座 4 只
书房	单相二、三孔组合插座 3 只
厨房	单相二、三孔组合插座 3 只,单相三孔带开关插座 3 只
卫生间(有洗衣机)	防溅型单相二、三孔组合插座 2 只, 防溅型单相三孔带开关插座 2 只
卫生间(无洗衣机)	防溅型单相二、三孔组合插座 2 只, 防溅型单相三孔带开关插座 1 只
封闭式阳台	防溅型单相三孔带开关插座 1 只

12.4　住户配电箱

12.4.1　每套住宅应设住户配电箱,箱内应设置具有短路、过载、过电压及欠电压等保护功能并能同时断开相线和中性线的总断路器。

12.4.2　住户配电箱内总断路器或所有出线断路器应具有 A 型剩余电流保护功能。

12.4.3　住户配电箱内不应设置电涌保护器。

12.4.4　住户配电箱的配出回路应符合下列规定:

　　1　各配出回路保护断路器均应具有过载保护和短路保护功能,并应同时断开相线和中性线。

　　2　照明、空调电源插座、厨房电源插座、卫生间电源插座与其他电源插座均应分别设置配电回路。

　　3　每个柜式空调电源插座应单独设置 1 个回路,其他空调电源回路不宜超过 2 只插座。

12.5 照明设计

12.5.1 住宅建筑公共部位照明应采用长寿命节能型灯具。

12.5.2 除下列场所外,公共部位的一般照明应采用自熄开关控制:

    1 门厅、电梯厅。

    2 设备机房。

    3 消防避难层(区)。

    4 电梯轿厢。

    5 其他不宜自动熄灯的场所。

12.5.3 当每层电梯厅及公共走道照明灯具总数不超过 5 只时,可均按应急照明进行设计。

12.5.4 未设置自熄开关的公共部位照明宜由消防控制室或其他值班室集中监控。

12.5.5 公共地下室、避难层(间)、高层住宅的门厅、电梯厅、公共走道及楼梯间等应设置疏散照明和疏散指示标志,其安装位置、灯具分布密度、地面照度和控制方式等均应符合现行国家标准《消防应急照明和疏散指示标志系统》GB 51309 和上海市相关标准的规定。

12.5.6 疏散照明不宜采用自熄开关控制。当住宅设有火灾自动报警系统时,疏散照明可采用自熄开关控制,但应在火灾发生时强制自动点亮。

12.5.7 阳台应设照明灯具,其控制开关应设置在室内。

12.5.8 无障碍坡道应设置专用照明,其控制开关宜设置在安防控制室等值班场所内或采用光敏元件自动控制。

13 小区智能化及智能家居系统设计

13.0.1 智能化系统设计和设备的选型应兼顾功能实用性、技术先进性、设备标准化、网络开放性、系统可靠性及可扩性,并应满足智能家居的应用需求。

13.0.2 住宅小区内应设置安防控制室,当小区内有中高层及以上住宅时,应设兼具安防功能的消防控制室,但消防设备与其他设备应有明显间隔。

13.0.3 通信管线、有线电视管线及其他弱电管线宜采用集约化设计,且宜采用共建共享方式。小区通信设施的设计应符合现行国家标准《住宅区和住宅建筑内光纤到户通信设施工程设计规范》GB 50846 和上海市相关标准的规定。

13.0.4 火灾自动报警和防火门监控等系统的设计应符合现行国家标准《建筑设计防火规范》GB 50016、《火灾自动报警系统设计规范》GB 50116 等标准的规定。

13.0.5 安全技术防范系统的设计应符合现行上海市地方标准《住宅小区安全技术防范系统要求》DB31/294 的规定。

13.0.6 根据居住区域的管理要求,可设下列监控与管理系统:

    1 停车库管理系统,其收费窗口及闸机均不应设置在坡道上。

    2 电梯运行状态监视系统。

    3 区域公共照明、给排水设备的自动监控系统。

    4 住户管理、设备维护管理等物业管理系统。

    5 区域公共背景音响系统。

    6 门禁及访客系统。

    7 智慧社区和智慧公安相关系统。

13.0.7 智能化系统设计还应符合下列规定:

1 高层住宅的每个单元应设置电信间，低层及多层住宅宜设电信间。电信间内应设置接地端子板。

2 应预留水、燃气和电力远程抄表系统的供电及通信网络管线。

3 住宅应实现光纤入户。

4 每套住宅应预留壁嵌式信息箱的安装位置。全装修住宅套内宜设置信息箱，电视、通信（电话和数据）等管线应通过信息箱汇接和引出。

5 并列的 2 台及以上电梯应具备群控功能，电梯轿厢内应设置紧急呼叫按钮或报警电话线，信号宜引至本楼值班室或本小区消防及安保控制室。

6 住宅应设置访客系统，系统宜具有视频功能。设置在住宅小区出入口和住宅单元的访客对讲门口机、住宅室内对讲分机应与小区消防及安保控制室联网。

7 安防设计应符合现行上海市地方标准《住宅小区安全技术防范系统要求》DB31/294 的规定。

8 地下车库及电梯井道内宜预留移动通信室内覆盖系统相关设备的安装位置及电源。

9 全装修住宅套内信息插座和有线电视插座的设置应满足智能家居系统功能要求，并应符合表 13.0.7 的规定。

表 13.0.7　信息插座和有线电视插座的最少设置数量

房间名称	信息插座和有线电视插座最少设置数量
起居室	双孔信息插座 2 只，有线电视插座 1 只
卧室	双孔信息插座 1 只，有线电视插座 1 只
书房	双孔信息插座 1 只，有线电视插座 1 只

13.0.8 当住宅建筑设置智能家居系统时，尚应符合下列规定：

1 智能家居系统设计应在满足信息安全的前提下，兼顾可靠性、适用性和经济性，并应满足不同年龄用户的使用需求。

2 智能家居系统应支持本地操作和远程控制,且外部网络故障不应影响本地操作。

3 智能家居系统可由家庭通信及信息安全子系统、家庭安防子系统、家电监控子系统、家居环境监控子系统、家庭医护子系统、多媒体娱乐子系统等组成。

4 智能家居系统的架构宜由终端设备层、感知层、传输层、本地应用层及云服务应用层组成。

5 智能家居系统宜配置集中控制单元,且应内嵌或外置家庭网关设备。

6 智能家居系统功能配置宜符合表13.0.8的规定。

表13.0.8 智能家居系统功能配置

子系统类别	功能类别	功能示例	配置规定	
			基本配置	可选配置
通信及信息安全子系统	光纤到户	电话通信、宽带上网、IPTV	√	
	有线电视	CATV、宽带上网	√	
	无线局域网	无线宽带接入		√
	智能家居控制箱			√
	移动通信室内覆盖	手机通信,移动物联网		√
家庭安防子系统	电子门锁		√	
	访客对讲		√	
	视频监控			√
	火灾探测	火灾探测器		√
		电气火灾探测系统		√
	燃气探测		√	
	防盗报警探测器	窗磁开关,红外、超声波、视频图像识别等入侵探测器		√
	入侵报警按钮			√

子系统类别	功能类别	功能示例	配置规定	
			基本配置	可选配置
家电监控子系统	照明设备	预置场景控制(含随机亮灯模式等)、本地无线控制		√
	电动窗帘	本地有线及无线控制		√
	电饭煲	本地定时控制(或定时电源控制)、远程遥控		√
	冰箱	冰箱工作状态(或电源状态)监视		√
家居环境监控子系统	空调设备	空调设备遥控、本地定时控制	√	
	地暖设备	地暖设备设备遥控、本地定时控制	√	
	移动式电暖设备	移动式电暖设备设备遥控、本地定时控制		√
	空气净化器	室内空气质量探测与报警、空气净化器本地自动控制及远程遥控		√
	卫生间漏水探测	积水探测与报警		√
	水质监测	水质监测及报警		√
家庭医护子系统	求助按钮		√	
	儿童监护设备		√	
	居家医疗监测设备			√
	智能穿戴设备	智能手环等		√
多媒体娱乐子系统	电视机		√	
	音响设备			√
	多媒体健身与娱乐设备			√

14 供暖通风与空气调节设计

14.0.1 实施全装修的住宅套内的主要房间应设置空调设施,非全装修住宅套内的主要房间应预留空调设施的位置和条件。

14.0.2 供暖室内设计温度、空调室内设计温度、相对湿度和采用集中空调系统的最小新风量应符合现行国家标准《民用建筑供暖通风与空气调节设计规范》GB 50736 的规定。无集中新风系统的住宅新风换气次数宜为 1 次/h。

14.0.3 户式集中新风系统设计应符合现行行业标准《住宅新风系统技术标准》JGJ/T 440 的规定。

14.0.4 采用辐射供热供冷系统的设计应符合现行国家标准《民用建筑供暖通风与空气调节设计规范》GB 50736、行业标准《辐射供暖供冷技术规程》JGJ 142 和上海市工程建设规范《地面辐射供暖技术规程》DGJ 08-2161 的规定。

14.0.5 室内空调设备的冷凝水应能有组织地排放,不应出现倒坡。

本标准用词说明

1　为便于在执行本标准条文时区别对待,对要求严格程度不同的用词,说明如下:

1）表示很严格,非这样做不可的用词:
正面词采用"必须";
反正词采用"严禁"。

2）表示严格,在正常情况均应这样做的用词:
正面词采用"应";
反面词采用"不应"或"不得"。

3）表示允许稍有选择,在条件许可时首先应这样做的用词:
正面词采用"宜";
反面词采用"不宜"。

4）表示有选择,在一定条件下可以这样做的用词,采用"可"。

2　条文中指明应按其他有关标准、规范和其他规定执行的写法为:"应按……执行"或"应符合……的要求(或规定)"。

引用标准名录

1 《建筑模数协调标准》GB/T 50002
2 《建筑结构荷载规范》GB 50009
3 《混凝土结构设计规范》GB 50010
4 《建筑抗震设计规范》GB 50011
5 《建筑给水排水设计规范》GB 50015
6 《建筑设计防火规范》GB50016
7 《城镇燃气设计规范》GB 50028
8 《汽车库、修车库、停车场设计防火规范》GB 50067
9 《自动喷水灭火系统设计规范》GB 50084
10 《住宅设计规范》GB 50096
11 《民用建筑隔声设计规范》GB 50118
12 《工程结构可靠性设计统一标准》GB 50153
13 《民用建筑热工设计规范》GB 50176
14 《城市居住区规划设计规范》GB 50180
15 《建筑内装修设计防火规范》GB 50222
16 《建筑工程抗震设防分类标准》GB 50223
17 《工业设备及管道绝热工程设计规范》GB 50264
18 《民用建筑工程室内环境污染控制规范》GB 50325
19 《民用建筑设计通则》GB 50352
20 《建筑与小区雨水控制及利用工程技术规范》GB 50400
21 《混凝土结构耐久性设计规范》GB/T 50476
22 《民用建筑设计术语标准》GB/T 50504
23 《民用建筑节水设计标准》GB 50555
24 《住宅信报箱工程技术规范》GB 50631

25　《民用建筑供暖通风与空气调节设计规范》GB 50736

26　《无障碍设计规范》GB 50763

27　《城镇给水排水技术规范》GB 50788

28　《住宅区和住宅建筑内光纤到户通信设施工程设计规范》
　　GB 50846

29　《消防给水及消火栓系统技术规范》GB 50974

30　《建筑机电工程抗震设计规范》GB 50981

31　《建筑电气工程电磁兼容技术规范》GB 51204

32　《建筑防烟排烟系统技术标准》GB 51251

33　《声环境质量标准》GB 3096

34　《建筑材料及制品燃烧性能分级》GB 8624

35　《低压电气装置　第7-701部分:特殊装置或场所的要求
　　装有浴盆或淋浴的场所》GB 16895.13

36　《二次供水设施卫生规范》GB 17051

37　《住宅信报箱》GB/T 24295

38　《污水排入城镇下水道水质标准》GB/T 31962

39　《高层建筑混凝土结构技术规程》JGJ 3

40　《城市道路和建筑物无障碍设计规范》JGJ 85

41　《建筑玻璃应用技术规程》JGJ 113

42　《辐射供暖供冷技术规程》JGJ 142

43　《住宅建筑电气设计规范》JGJ 242

44　《智能快件箱设置规范》YZ/T 0150

45　《建筑工程交通设计及停车库(场)设置标准》DGJ 08-7

46　《建筑抗震设计规程》DGJ 08-9

47　《城市居住地区和居住区公共服务设施设置标准》DGJ 08-55

48　《机械式停车库设计规程》DGJ 08-60

49　《无障碍设施设计标准》DGJ 08-103

50　《居住建筑节能设计标准》DGJ 08-205

51　《装配整体式混凝土居住建筑设计规程》DG/TJ 08-2071

52 《住宅建筑绿色设计标准》DGJ 08－2139

53 《地面辐射供暖技术规程》DGJ 08－2161

54 《民用建筑外保温材料防火技术规程》DGJ 08－2164

55 《全装修住宅室内装修设计标准》DG/TJ 08－2178

56 《民用建筑外窗应用技术规程》DG/TJ 08－2242

57 《住宅小区安全技术防范系统要求》DB31/294

58 《城市轨道交通(地下段)列车运行引起的住宅建筑室内结构
振动与结构噪声限值及测量方法》DB31/T 470

上海市工程建设规范

住 宅 设 计 标 准

DGJ 08－20－2019
J 10090－2019

条 文 说 明

2019　上海

目 次

Contents

1 总　则

1.0.1 住宅建设量大面广,涉及千家万户,住宅设计直接关系广大市民的生活和居住环境质量。随着近年来住宅建设的飞跃发展,市民对住宅的居住功能、环境质量和防火安全提出了更高的要求。同时,相关国家标准也有更新。因此,有必要进行全面修订。

1.0.2 本标准适用于本市城镇新建建筑高度 100m 以下住宅。居民住宅改建、扩建工程等,在技术条件相同时也可适用。150m 的建筑高度控制系依据现行行业标准《高层建筑混凝土结构技术规程》JGJ 3 第 3.3.1 条:7 度抗震设防区全落地剪力墙结构 B 级高度高层建筑的最大适用高度为 150m。

郊区农民集体所有权土地上建造的住宅及农民自建住宅,有其特殊性,应按专门设计标准执行,非本标准使用范围。

建筑高度超过 100m 的住宅建筑,可有效集约土地,提高土地使用率。本标准对建筑高度在 100m 至 150m 之间的住宅设计作了相关规定,本条在此基础上提出更为严格的要求,明确该类住宅设计需进行消防、安全等专题论证,以及各专业的专项论证。

1.0.3 本条强调了以人为本、可持续发展和节能、节地、节水、节材的设计指导思想,这应该是贯穿整个设计的基本思想,体现了构建和谐社会、节约型社会和环境友好型社会的精神,也是国家一切有关住宅建设的政策法令的基本出发点。适用、安全、经济、美观是国家对住宅建设提出的一贯的方针政策,在经济发展的不同时期,对"八字方针"的某个方面有所侧重,是可以理解的,但这毕竟是一个整体,不能偏废。从近几年住宅建设的情况看,"经济"的概念在有些开发商和设计人员头脑里淡化了,节能、节地、节水、节材不讲了,面积、面宽越做越大、进深越来越浅,甚至出现了"超薄型"住宅等。因此,设计过程中还应全面理解和贯彻适用、安全、经济、美观的方针,并符合环保的要求。目前,住宅特别是在高层住宅中,已日益暴露出这几个方面的矛盾,应该引起重视。

为全面贯彻落实国家关于海绵城市建设的相关要求,科学推进上海市海绵城市的建设,在本市住宅建筑及小区设计中,合理应用"渗、滞、蓄、净、用、排"等多种技术措施,坚持规划引领、生态优先、安全为重、因地制宜和统筹建设的原则。具体设计应符合国家、行业和上海市现行有关标准的规定。

1.0.4 住宅设计应符合城市规划的要求,并应符合有关的技术规定,如《上海市城市规划管理技术规定(土地使用建筑管理)》(2003 年 10 月 18 日上海市人民政府令第 12 号发布)及其他相关规定。

1.0.5 随着住宅的商品化、市场化,住宅设计越来越多样化。但是也要注意加强标准化的工作,以适应住宅建设量大面广的特点,进一步提高工业化的生产水平。同时,在新技术、新工艺、新材料、新产品层出不穷的今天,更要注重对"四新"成果的大力推广应用,以促进住宅产业现代化。

1.0.6 为加强对住宅装修的管理,积极推广装修一次到位或菜单式装修模式,避免二次装修造成的破坏结构、浪费和扰民等现象,提高住宅装修生产的工业化水平,引导住宅产业现代化快速发展,除本市已经规定必须实施住宅全装修的区域外,其他区域的新建住宅也宜优先实施全装修设计。同时,对于全装修住宅,其装修设计宜与建筑设计同步进行,相互协调、配合,逐步达到建筑设计、装修设计的一体化,防止装修设计滞后而带来的各种问题。

关于上海市全装修住宅的设计要求,另见现行上海市工程建设规范《全装修住宅室内装修设计标准》DG/TJ 08－2178 等相关标准的规定。

1.0.7　随着生活水平的提高以及家庭结构的变化、人口老龄化的趋势、新技术和新产品的不断涌现,对住宅提出了新的功能要求,这将会导致对旧住宅进行更新改造。如果在设计时能够充分考虑住宅全寿命期中居住者的使用需求,兼顾当前使用和今后改造的可能,将大大延长住宅的使用寿命,比新建住宅节省大量投资和材料。住宅设计中积极倡导"大开间"等设计理念,可满足住宅不同阶段的居住需求。

1.0.9　住宅设计除应执行本标准外,尚应符合国家和本市现行有关标准的规定。2005 年国家发布了《住宅建筑规范》GB 50368全文强制性规范,2013 年国家颁布了《中华人民共和国工程建设标准强制性条文(房屋建筑部分)》,2018 年国家修订了《建筑防火设计规范》GB 50016 及发布了《建筑防烟排烟系统技术标准》GB 51251 等。对这些规定以及《住宅设计规范》GB 50096 中的相关条文,住宅设计时均应严格执行。

与上一版标准相比,根据《关于发布本市工程建设强制性地方标准整合精简结论的通知》(沪建标定〔2016〕951 号)的要求,整合精简强制性地方标准,对部分强制性条文作了梳理,对与通则、无障碍规范、消防等已有明确规定的,不在本标准中以强制性条文出现,但并不意味着不执行。由于本标准是根据上海地方的具体情况对国家有关标准的深化和具体化,因此在执行时,如果本标准有明确规定的,按本标准执行;本标准无明确规定或规定不具体时,应按国家、本市有关标准执行。

2 术　语

2.0.3　居住空间是指一套住宅内,用于睡眠、休息、会客等功能的空间。书房是供居住者学习、工作的空间。书房、独立餐厅也为居住空间。

2.0.14~2.0.15　条文中所述高度指消防规范要求的建筑高度。

2.0.16　住宅建筑的首层或首层及二层为单元面积 300m² 以下的商业网点、其以上楼层为住宅的建筑不作为商住楼,可视为普通住宅。

2.0.17　多层的塔式住宅通常也称作点式住宅。

2.0.20　跃层式住宅的主要特征就是一户人家的户内居住面积跨越两层或三层楼面,此时连接上下层的楼梯就是户内楼梯,在楼梯的设计及消防要求上均有别于公共楼梯。跃层式住宅可以位于楼房的下部、中部,也可设置于顶层。

3 总体设计

3.1 一般规定

3.1.1 本条提出了总体设计的原则要求,目的是通过总体设计,将规划构思与住宅、公建道路、绿化等实体组合为有机的整体,为居民创造良好的生活环境。对开发设计而言,不能只强调容积率,也不能仅从平面角度而应从空间环境进行规划设计。崇尚自然、结合地形地貌、发挥植物改善环境生态的功能、创建生态住宅建筑是新世纪住宅设计必将面对的课题。

3.1.2 居住区建设是城市规划设计的组成部分。因而应按照城市规划要求,遵守《城市规划法》提出的统一规划、合理布局、因地制宜、综合开发、配套建设的原则,从全局出发,考虑居住区的具体规划设计。现行国家标准《城市居住区规划设计规范》GB 50180 和《上海市城市规划管理技术规定(土地使用建筑管理)》(2003 年 10 月 18 日上海市人民政府令第 12 号发布)对规划布局、空间环境、土地使用等提出了技术要求,应遵照执行。

3.1.3 公共服务设施是指为居住区居民提供服务的行政管理、文化、体育、教育、医疗、商业、金融、社区服务、绿地、市政公用等公共建筑与配套设施。不配、少配或晚配都会给居民生活带来极大不便。现有关管理部门已实行住宅交付使用许可证制度,规定不配套不发交付使用许可证。随着生活水平的不断提高、消费结构的变化,特别是市场经济的发展,具体配置项目还应根据居住区域所属位置、周边环境、自身条件等情况而定。但对公建面积、用地的千人指标,以及居住公建面积、用地与住宅面积、用地之比,应按规定进行总量控制。

3.1.4 目前,城市居民轿车拥有量正逐年上升,合理设置停车库(场),关系居住区域交通组织和有无方便、安全、安宁的环境。现行上海市工程建设规范《建筑工程交通设计及停车库(场)设置标准》DGJ 08-7 规定了各类住宅应配置相对应的机动车和非机动车停车泊位指标。停车泊位的设计有地面停放与室内停放等多种形式。市区由于用地紧张,有些居住区域采用机械式停车库方式,设计时应符合现行上海市工程建设规范《机械式停车库(场)设计规程》DGJ 08-60 的要求。依据国家和上海市相关规定,本次修订增加配置电动汽车充电基础设施的要求。为了减少电动自行车在充电时引发火灾的影响,其消防设计应符合《上海市住宅小区电动自行车停车充电场所建设导则(试行)》(沪建标定〔2016〕528 号)的相关规定。

3.1.5 居住区域建设的宗旨是为居民提供方便、安全、舒适和优美的居住环境。而居住区域内,总会有一定比例的残疾人和老年人,因此,居住区域的总体设计应考虑弱势群体的特殊使用要求。居住区路、小区路、组团路、宅间小路、居住区公园、小游园、组团绿地、儿童活动场地以及各种公共服务设施都应按规定进行无障碍设计。无障碍设计的内容和做法,应满足现行国家标准《无障碍设计规范》GB 50763 和上海市工程建设规范《无障碍设施设计标准》DGJ 08-103 的相关要求。

3.2 居住环境

3.2.1 条文提出了日照和间距要求。依据《上海市城市规划管理技术规定(土地使用建筑管理)》(2003 年 10 月 18 日上海市人民政府令第 12 号发布)要求,高层住宅应能获得冬至日连续满窗有效日照不少于 1h;多层住宅间距在浦西内环线以内地区不得小于南侧建筑高度的 1.0 倍,在其他地区不得小于 1.2 倍,并应满足该技术规定中的其他要求。

3.2.2 居住区总体设计中应设 2 个或 2 个以上能连通城市道路的出入口。居住区域内主要道路应尽可能顺畅,以便消防、救护等机动车辆的转弯和出入。

3.2.3 绿地具有除尘减噪、净化空间、调节人的心理、美化环境和保护生态等功能。绿地面积为公共绿地、宅旁绿地、公共服务设施所属绿地和道路绿地四类之和。绿地率是绿地面积与基地面积之比。《上海市植树造林绿化管理条例》和《上海市城市规划管理技术规定(土地使用建筑管理)》(2003 年 10 月 18 日上海市人民政府令第 12 号发布)规定的绿地率,是基于多年的实践而提出的。

3.2.4 居住区域内围墙通透,是因为居住区作为城市的组成部分,应起到与城市相互沟通、互为景观的作用,不能把居住区域与城市完全隔绝开来。但进行通透设计时,也应注意住房的私密性和安全性。

3.2.5～3.2.6 景观设计是总体设计的组成部分。人们在重视住宅房型设计的同时,越来越关注居住区域的总体环境的造型设计。景观设计也要坚持以人为本、可持续发展和节能、节地、节水、节材的指导思想,尊重自然,保护环境,体现地域文化特点,创造赏心悦目的室外空间环境。

不少居住区域景观设计引入和运用水景,收到一定效果,但也有不少水景或设计不当、或管理不善,造成"死水一潭"、水臭水黑,不仅有碍景观,还污染了环境。因此,本标准对水质提出了应符合现行国家标准《建筑与小区雨水控制与利用工程技术规范》GB 50400 的要求。

上海是水质型缺水城市,节约用水的精神应贯彻到建筑给排水设计中。景观用水水源应按现行国家标准《民用建筑节水设计标准》GB 50555 的要求,不得采用市政自来水。确定景观补水水源,可按上海市建筑学会建筑给水排水专业委员会、上海市勘察设计行业协会审图专业委员会给排水专业组《2012 年上海市节水设计、审图方面问题讨论会议纪要》中"(1)室外水景补水优先采用雨水;(2)保证人体健康和对卫生环境不产生负面影响,室内水景和与人体直接接触的水景(如旱泉、高压喷雾等),可采用市政自来水补水"的要求执行。

雨水利用应采用雨水入渗、收集自用(如绿地植物的浇灌、汽车及路面的洗刷等)、调蓄排放等方式。

3.2.7 本条所列各项管线均为居民生活所必需的基本管线,各类管线的埋设均有各自的技术要求,总平面设计应按有关标准进行综合设计,以完善居住区域基础设施。采用地下敷设可改善居住空间环境,与现代化城市的要求相协调。

3.2.8 水环境是居住环境的重要方面,对生活污水的处理,应根据周边有无城市污水管网而定。在没有污水管网时,要求生活污水达到排放指标,是为了改善本市环境,严格控制水污染。

3.2.9 对垃圾进行分类处理,有利于加快提升生活垃圾"减量化、资源化、无害化"水平,促进生态文明和社会文明。同时,也是对目前《上海市生活垃圾管理条例》的响应。

3.3 消防车道、消防车登高操作面、消防车登高操作场地

3.3.1 通过近年来住宅火灾案例分析,居住区内一旦着火,消防车进入居住区扑救是非常必要的。因此,本次标准修订将低层、多层、中高层住宅的居住区内设置消防车道的要求进一步明确。

设置消防车道是为了便于消防车和救助人员及时到达火灾现场扑灭火灾。低层、多层、中高层住宅一般只需普通的消防车即可,其车道的宽度为4m,车辆的转弯半径为9m;高层住宅由于建筑高度较高,一般消防车难以登高救援,因此,需要特殊的登高消防车,其车道宽度为4m,车辆的转弯半径为12m。以上转弯半径均指消防车道的内径。由于住宅相对于大型公共建筑扑救难度较小,因此只要求住宅的一条长边设置消防车道;又因登高消

防车一般难以倒车,故需要设置可供消防登高车正常行驶的环形车道;当确有困难,需设置尽端式车道时,对于不同高度的住宅应分别相应设置面积不小于 12m×12m、15m×15m 的回车场地,根据区域内消防车配置情况而定。

3.3.2 联体建筑不利于消防队快速到达火场。根据国家消防技术规范的要求,对一个方向的长度超过 150m 或总长度超过 220m 的住宅群,应设置可供消防车进入的门洞。鉴于住宅的进深较小,有些建筑因使用或造型需要,设置门洞确有困难,可设置每隔 80m 的人行通道,一般利用楼梯间,但应在住宅的两条长边设置消防车道。

3.3.4 对高层住宅设置消防车登高操作场地作出进一步明确。

3.3.5 消防车登高操作场地,由于需承受登高车的重量,故从结构上作局部处理还是十分需要的。地下管道、暗沟、水池等设置在消防车道和消防车登高操作场地下面时,为安全起见,应考虑消防车的压力。在地下建筑上布置消防车登高操作场地、消防车道时,地下建筑的顶板荷载计算应考虑消防登高车的重量,消防登高车操作应考虑最不利点。

3.3.6 目前,居住小区的消防车道和消防车登高操作场地经常被占用,以致于在发生火灾的情况下,消防车无法顺畅通行,消防员难以实施有效登高扑救。因此,有必要对消防车道、消防车登高操作面和消防车登高操作场地设置明显标识。

4 套型设计

4.1 套 型

4.1.1 住宅按套型设计,就是要求每套住宅应具有各自独立的功能空间,不论套型大小,都应由卧室、起居室、厨房、卫生间和阳台等基本空间组成。同时提倡住宅贮藏空间结合室内装修统一考虑,以减少装修垃圾的排放。

4.1.2 套型的概念,以居住空间数划分。限定每套最低可分居住空间数,是为了限定每类住宅的最低规模,保证使用者的基本生活要求。居住空间数前加"可分"两字,由此涵盖了一些大开间的住宅套型。针对当前有些套型越来越大、面积越来越多的倾向,提出了套型设计应以小套、中套为主的规定。这也是贯彻以人为本、可持续发展和节能省地的设计理念。

居住空间数与使用面积一般是有关联的,但也有些房型设计紧凑,小空间可能多一些,但面积不大,可以中、小套计。

4.1.3 每套住宅进户门处,不应仅仅作为交通的要道,还应具有缓冲和存放雨具、换鞋的功能,以避免视线上的"一览无遗"。尤其是中套、大套,由于面积较大,完全有条件设置兼顾交通、进出户准备等功能要求的过渡空间。设过渡空间也是提高生活品质的一个方面。

4.1.4 朝向、日照对人体健康和居住环境有重要作用。对上海市民来说,这是重要的卫生标准之一。南偏东 30°～南偏西 30°的要求是根据现行上海市工程建设规范《居住建筑节能设计标准》DGJ 08-205 中关于朝向的有关规定确立的。

4.1.5 本条对卧室、起居室、厨房和明卫生间的通风开口面积作出规定。本条根据现行国家标准《住宅建筑规范》GB 50368"每套住宅的通风开口面积不应小于地面面积的5％"的规定,结合上海气候、地理实际,提出了具体指标,其中低层、多层住宅的卧室、起居室通风开口面积规定不应小于该房间地板面积的1/15,略高于国家标准的规定。中高层、高层住宅由于风压较大,故仍按 1/20 要求设计。

套型设计组织好自然通风,可有效提高居住空间的换气量,使居住空间保持良好的空气环境。

带有天井的低层、多层或中高层住宅,如有开向封闭式天井的窗口,不能视为有自然采光通风。如有开向带开口的敞开天井的窗口(敞开天井设置要求详见本标准第 7.6.5 条规定),可以视为有自然采光通风。

4.1.6 洁污分离是指厨房的油烟、卫生间的气味不致侵入到其他空间。动静分离是指活动和休息空间不应互相干扰。

4.1.7 洗衣机位置涉及设备管线的布置。住宅设计中,多数将洗衣机设在卫生间或服务阳台。本次修订调研发现,相当数量住户在非服务阳台设置洗衣机及污洗池,造成污水排入阳台的雨水管网,污染河道。因此,本次修订要求在阳台(含非服务阳台)增设洗衣机及污洗池预留位置。同时,为更好地配合全装修住宅的设计要求,避免管线的不合理穿越,应考虑相应的给水、排水配套设计。

4.1.8 错层设计得当确能起到功能分区明确、丰富室内空间层次的效果。但若设计不当,则会给使用带来不便。将卧室与卫生间设计成错层,住户在夜间使用时,有时处于半睡眠状态,就容易发生事故。

4.1.9 根据以人为本、全面提升建筑质量和品质的要求,住宅楼板的设计应在满足结构安全等基本要求的基础上,充分考虑隔声、节能的要求,在具体材料选择时应满足现行国家标准《建筑设计防火规范》GB 50016 的相关要求。

根据促进建筑产业现代化、推进装配式建筑发展的要求,住宅楼板宜采用预制混凝土叠合楼板、预制空心混凝土楼板等。

现浇钢筋混凝土楼板,应采取隔声技术措施,如设置隔声层、铺设隔声垫等。

现浇钢筋混凝土楼板禁止采用随捣随光、不做粉刷层或整浇层的做法。

设计厚度是指包含结构层、附加层(隔声层、保温层)、面层(粉刷层、整浇层)等构造在内的楼板总厚度。

4.2 卧 室

4.2.1 卧室的最小面积是根据居住人口、家具尺寸和必要的活动空间确定的。本标准为最低标准。

4.2.2 提出卧室短边轴线宽度的规定,是基于在规定面积范围内,使室内长宽比例更趋于合理,以此减少室内交通面积,提高面积的使用效果和便于家具布置的考虑。短边轴线一般多为开间方向,在少数横向房间则是进深方向。

4.3 起居室

4.3.1 起居室是家庭的"面孔",是最易体现个性的场所。起居室作为家庭成员共同的活动中心,需要布置的设备、家具较多。起居室既要有独立性,又要有联系性,其设计恰当与否,直接关系居住、生活是否舒适。对起居室的面积要求,根据小套、中套和大套的不同要求,分别提出了不应小于 $12m^2$ 和 $14m^2$ 的规定。

4.3.2~4.3.3 作这两条规定,目的是为了提高起居室的有效使用率。在有些设计中,起居室内设门较多且很分散,影响了起居室的独立性,致使起居室能实际使用的面积很小。提出短边轴线宽度和墙面直线长度最小尺寸,是为了合理布置家具,使起居室能有一个相对稳定的使用空间。短边轴线宜为 3.60m～4.20m，一般小套、中套可取 3.60m，大套可取 3.90m，不宜超过 4.20m。

4.3.4 在中套及以上套型时，往往设置相互独立或相互连通的"双厅"，即客厅和餐厅。但也有少数设计，在只有"一厅"时，往往忽略了用餐空间的安排，造成居民生活的不方便。故本条规定未设专用餐厅时，起居室应兼有用餐的空间。

4.4 厨 房

4.4.1 厨房设计成独立可封闭的空间是安全上的要求。根据现行国家标准《城镇燃气设计规范》GB 50028 的要求，为了安全使用管道燃气，并避免油烟气味串入卧室、起居室，厨房应设计为封闭式。厨房是设备、设施、家具比较集中的地方，不论何种套型，其基本设施都应齐备，应能满足洗、切、炊和备餐的功能，能放置洗涤池、操作台、灶台、柜橱等。小、中、大套分别达到 $4.0m^2$～$5.5m^2$ 时，可基本符合上述要求。

4.4.2 厨房在烹饪过程中会产生油烟、蒸汽、异味，因此应有直接对外的采光通风窗，保证必要的光线、通风和换气，这是重要的卫生标准。中高层、高层设计中，特别在多户型平面设计中，由于难以做到直接采光，则窗户可开向外走廊，但外走廊必须是敞开式，或者留有一定面积可直接通风的百叶窗。窗户不得开向消防前室和楼梯间，是为了满足现行国家标准《建筑设计防火规范》GB 50016 的相关要求。

4.4.3 厨房油烟和废气的排放有垂直排放和水平排放两种。水平排油烟道可节省空间，但油烟废气排放在人群活动高度内，且常因风向不同使油烟废气产生倒灌；而垂直排油烟道则将油烟废气集中到屋面高空排放，故提出中高层、高层住宅应设置垂直排油烟道的规定。

4.4.4 厨房应进行设备设施管线的整体设计，是为了防止将厨房设计成空壳,一切留给住户自己处置,那样将给使用和装修带来极大不便。目前房产市场上已出现了一些全装修、菜单式装修住宅,受到居民的欢迎。对全装修住宅的厨房而言,不仅应配置洗涤池、灶台、操作台、吊框,而且还应增设排油烟器,并预留厨房电器的相应接口装置,如表1所示。

表1 厨房设施配置

功能空间	设施配置标准	
	应有设施	推荐设施
厨房	灶具、洗涤池、吊柜、操作台、排油烟器、电器插座、顶灯(防水、防尘型)	热水器、冰箱、消毒柜、微波炉、电饭煲、洗碗机、电话(挂墙式分机)插口、可燃气体浓度探测器

4.4.5 厨房设备的布置有单、双排之分,其净宽尺度是根据厨房操作台的最小宽度和人体活动尺度的要求确定的。

4.4.6 服务阳台可以视作厨房的延伸部分。有些设施放在厨房内不太合适,而放在服务阳台往往恰到好处。目前许多设计中利用服务阳台放置热水器、污洗池等,效果较好。

4.5 卫生间

4.5.1 本次修订仅规定卫生间的基本配置,即能放置便器、洗浴器、洗面器三件卫生设备。同时提倡各设备宜采用分室设计,增加使用效率。如套内卫生间各设备集中设置,则其面积不应小于 $3.5m^2$。

4.5.2 卫生间比较潮湿,且有异味,一般情况下,应有直接采光、自然通风。但在具体平面设计时,部分住宅尤其是高层住宅往往难以全部做到,因此本标准规定住宅套内设计有多个卫生间时,至少应有一间直接采光、自然通风。本标准还规定当卫生间无通风窗时,应采取通风换气措施。

4.5.3 与厨房一样,卫生间也是设备设施集中的地方。在较小面积中,如没有整体设计概念,往往会产生布置不合理、不紧凑并造成使用不便的状况。

4.5.4 无前室的卫生间,其门直接开向起居室或餐厅,其明显的缺点是不卫生、不文明,不符合"洁污分离"的设计原则。若设计有围合空间的前室,其内可布置洗衣机、洗面器等,能起到缓冲作用,则应属"非直接开向"。

4.5.5 卫生间常因地面渗水、水管冷凝水下滴、管道噪声以及维修等问题造成上下层住户之间的矛盾,故不得布置在下层住户的厨房、卧室和起居室的上层。如布置在本套内,则应采取有效的防水、隔声和便于检修的措施。

4.5.6 对于有无障碍设计要求的全装修住宅,其设置无障碍扶手等设施要求应符合现行上海市工程建设规范《全装修住宅室内装修设计标准》DG/TJ 08-2178 等标准的相关规定。对于有无障碍设计要求的非全装修住宅,应为其设置无障碍扶手等设施预留适当位置。

4.6 过道及套内楼梯

4.6.1 过道是组织住宅套内水平交通的空间,住户出入口过道是大型家具(如沙发、餐桌、钢琴等)搬运的必经之地。随着起居室面积的扩大,沙发、彩电等尺度也越来越大,当过道宽度小于1.20m时,搬运相当吃力。通往卧室、起居室的过道,以及通往厨房、卫生间等的过道的宽度,也是根据搬运家具的需要而提出的,但过道过宽又会增加住宅户内交通面积。

4.6.2 本条提出了对跃层住宅的限定。跃层对大套型来说,功能分区可更加合理,有利于洁污分离、动静分离,但对消防扑救,因难以找到需要营救的楼层而带来不便。因此,对不同类型住宅所跃层数作了明确规定。本条所指层数仅针对地面以上各层面。

跃层室内疏散距离应满足现行国家标准《建筑设计防火规范》GB 50016 的相关规定。

4.6.3 套内楼梯是供套内垂直交通使用的。其楼梯的设计包括踏步宽度、高度以及梯段的宽度,也要考虑家具的搬运和居住者同时上下的可能。对梯段的宽度提出了一边临墙和两边为墙时的不同尺度要求,这主要是考虑到一面临墙的梯段在搬运家具时,可以向外延伸,故其宽度略小于两边为墙的梯段。

近年来,上海各种类型的跃层式住宅逐年增多,其套内楼梯由于平面或空间的限制,往往达不到现行国家标准《民用建筑设计通则》GB 50352"楼梯平台上部及下部过道处的净高不应小于2.00m,梯段净高不应小于2.20m"中的净高要求,考虑到套内楼梯的使用仅局限于住户内部,人流量很小,使用比较熟悉,故在"通则"的基础上适当降低套内楼梯的有关净空高度要求。此外,按现行国家标准《民用建筑设计通则》GB 50352 及《建筑设计防火规范》GB 50016 相关规定,跃层式住宅套内楼梯为疏散路径上的住宅套内楼梯,不属于疏散楼梯间,但其应按疏散楼梯的燃烧性能和耐火极限的要求进行设计。

4.6.4 根据现行国家标准《建筑设计防火规范》GB 50016 的有关要求及当前社会大户型住宅的发展需求,对每套户内最远点至直通疏散走道的户门的距离进行了明确规定。跃层住宅套内楼梯一段距离的计算,按其梯段水平投影的 1.5 倍计算可以适当减少套内楼梯的疏散距离。本条不适用于联排式、双拼式低层住宅。

4.7 阳台、凹口

4.7.1 阳台净深是根据住户在室外活动时的要求以及结构设计的可行性确定的。出于消防、安全等方面考虑,对平面凹口的尺寸进行了规定。凹口的净深和净宽均指外墙面,如有阳台亦应以外墙面控制。

4.7.2～4.7.3 阳台栏杆或栏板的净高和垂直杆件的净距涉及安全问题,如阳台设有水平栏杆,应采取防止儿童攀爬措施。栏杆或栏板的高度要求根据建筑的层数而略有不同,低、多层住宅要求不应低于 1.05m,中高层、高层住宅则要求不应低于 1.10m,这主要是根据人体重心和心理因素确定的。100m 及以上的住宅由于高度较高,风力较大,存在的安全隐患也较大,其阳台应为封闭阳台。

4.7.4 阳台、外廊等栏板采用玻璃为材质的,已日渐增多。玻璃栏板的连接较复杂,存在一定的安全隐患,尤其在高层建筑,玻璃承受的风荷载较大,且玻璃透明度高,居高临下,不适应人们的心理承受习惯。故规定住宅如采用以玻璃栏板为主的阳台、外廊等,应符合现行行业标准《建筑玻璃应用技术规程》JGJ 113 的有关规定。该规程对用于阳台、外廊等栏板的玻璃在材质、厚度、承载力等方面作出了规定。

4.7.5 晾晒衣服是居民日常生活行为,阳台设计应考虑居民的这一实际需要。过去,本市大都通过装置球门式晒衣架的方式解决,随着社会文明的进步、城市形象的提升,晾晒衣服杂乱无章的现象不能再继续下去了,因此,晾晒设施宜设在阳台内。顶层阳台设置深度不小于 1.30m 的雨罩,除为居民在阳台上活动和晾晒衣服提供方便外,也有利于防止窃贼从屋顶翻入顶层阳台。相邻住户的毗连阳台设置分户隔板,可提高住户私密性和安全性。

4.7.6 本条强调了阳台排水的独立性,即不应将阳台排水接入屋面雨水管。因阳台排水与屋面排水混用,可能会产生雨水溢流倒入室内的情况。封闭阳台为住宅套内,为防止下雨时噪声扰民等问题,故屋面雨水管不得设置在封闭阳台内。敞开式阳台已经不属于室内,对住户影响不大,故允许屋面雨水立管设置在敞开式阳台内。

4.7.7 本条条文说明参见第 4.1.7 条条文说明。

4.7.8 燃气管、避雷装置等垂直管线,如安装在室外阳台或窗的附近,则容易攀登,由此引发不安全因素。因此,这些垂直管线不应安装在人可攀越到阳台或窗的尺度内;如做不到时,应有防攀登措施。

4.8 层高、净高

4.8.1 住宅层高的确定,关系着建筑的节能省地。同时对住宅的造价和建筑标准化的实施有着重要的影响。不能错误地理解层高越高,房屋质量标准就随之提高了。层高宜为 2.80m,意思是可根据使用情况适当调整。根据相关规定层高不应大于3.60m,控制过高层高有利于节能。该层高不包括底层入口大堂等局部挑空部位和地下室部分。坡屋面房间的最低处层高不宜小于 2.20m。

4.8.2 卧室、起居室是住宅的重要空间,其使用面积相对比较大,活动也较频繁,因此净高不宜过低。本标准沿用了"十五"标准的规定,即不应低于 2.50m,比现行国家标准《住宅设计规范》GB 50096 中 2.40m 的规定略有提高。局部净高是指梁底、板底或其他结构落低处不应低于 2.20m,也比上述国家标准的规定高0.10m。当净高 2.20m 至 2.50m 的面积占去室内 1/3 面积时,则其室内净高应视作低于 2.50m。

5 公共部位设计

5.1 楼　梯

5.1.1　利用屋顶逃生是火灾时常见的。为保证人员及时借助屋顶从相邻的单元疏散到安全区域,单元式住宅各单元的楼梯间宜在屋顶相连通。当每单元仅设 1 部疏散楼梯时,楼梯间应通至屋面并连通,对 50m 以下的设置不少于 2 部疏散楼梯的塔式住宅、单元式住宅,坡屋顶连通有困难时,可设置屋顶敞开的平台。

5.1.2　为了保证楼梯间安全,防止机电用房发生火灾后影响人员的疏散,对设封闭或防烟楼梯间的高层住宅,规定屋顶层电梯机房等房间的门不应开在楼梯间或前室内。

5.1.3　按照国家防火技术规范的有关规定,2.40m 开间的楼梯间,其梯段净宽不到 1.10m。但 2.40m 开间又是符合建筑模数的常用开间,因此允许低、多层住宅不小于 1.00m。有些叠加式住宅一层跃二层一套,三层跃四层又是一套,则直接进入三层套型的底部楼梯梯段净宽不能因其为三层套型私用而按套内楼梯尺度设计。即梯段净宽不应小于 1.00m。对一些小开间而言,如仅要求楼梯平台净深不应小于楼梯的梯段净宽,则平台仍太浅,居民搬运大件家具较困难,因此规定住宅楼梯开间为 2.40m 时,其平台净深不应小于 1.30m。

注:楼梯的梯段净宽系指墙面至扶手中心之间的水平距离。

5.1.4　根据相关防火规范的规定,在高层建筑中,当设置独立的两部疏散楼梯确有困难时,可设剪刀楼梯,并可视作 2 部疏散楼梯。除了严格执行现行国家标准《建筑设计防火规范》GB 50016 有关规定,还需满足本标准条文要求。

5.1.5 为避免穿户疏散的住宅平面布局的出现,条文规定了当每单元设置不少于 2 个安全出口时,2 个安全出口应能通过公共区域进行自由转换,不应通过住宅套内空间进行转换。同时,增补楼层任一点均应可通至 2 个安全出口的规定。

5.1.6 采用自然通风方式的封闭楼梯间、防烟楼梯间,其设计应符合现行国家标准《建筑防烟排烟系统技术标准》GB 51251 的有关规定,应在最高部位设置面积不小于 $1.0m^2$ 的可开启外窗或开口。

5.2 电 梯

5.2.1 电梯设置台数关系到住宅建筑的经济性和服务水平。近年来,上海已成为全国老龄化程度最高的城市之一,老年人比例越来越高。为了满足老年人上下楼交通方便,本条规定了多层及以上住宅应设置电梯,同时每单元至少有 1 台电梯应可容纳担架,其轿厢尺寸不应小于 $1.60m×1.50m$,电梯厅也同时要满足担架进出电梯的空间要求且最窄处宽度宜大于 1.80m。顶部设置跃层时,最高入户楼层在三层及三层以下楼层时,可以不设置电梯;十二层及以上的高层住宅,电梯设置数不应少于 2 台。这是考虑到电梯发生故障较多,需要检修,为不影响居民使用而提出的。当十二层至十八层高层住宅按照 5.3.3 条规定设置外部连廊时,每单元可以设置 1 台电梯。

5.2.2 建筑高度 100m 以上的住宅由于居住人数较多,电梯数量应经过计算确定。计算方式可按照现行国家标准《民用建筑设计通则》GB 50352、《建筑设计防火规范》GB 50016 中的有关规定执行。

5.2.3 "三合一"前室内的电梯除应满足现行国家标准《建筑设计防火规范》GB 50016 规定外,还应满足现行国家标准《建筑防烟排烟系统技术标准》GB 51251 有关规定,均应为消防电梯。

5.2.4 电梯应便于住户快速到达家门,因此要求电梯在设有户门或公共走廊的每层设站。为了便于住户停车后及时到家,规定所有电梯均应通向地下车库。同时,为方便居民使用,当地下室某楼层仅为自行车库或机电用房时,电梯宜停靠该层面。

5.2.5 根据现行国家标准《无障碍设计规范》GB 50763 增加无障碍电梯设置要求。

5.3 走道、连廊

5.3.1 机动车库、非机动车库净高按照现行相关标准要求执行。

5.3.2 塔式住宅的楼梯和电梯集中在核心筒内,如每层住户较多,人员朝一个方向逃生,则疏散较为困难。根据国家防火技术规范的有关要求,十八层以上的塔式住宅应设有 2 个安全出口。因此,规定十八层以上的塔式住宅(每单元设有 2 个防烟楼梯间的单元式住宅,每单元可视作塔式住宅),当每层超过 6 套,或防烟楼梯间的前室门至最远的一套户门之间的走道上超过 3 套时,应设环绕电梯或楼梯的走道。当每层少于或等于 6 套且短走道上少于或等于 3 套时,因户数、人数均较少,集中在一个方向一般问题不大,因此,可不设环绕电梯或楼梯的走道。

注:短走道指防烟楼梯间的前室门至最远的一套户门之间的走道。

5.3.3 对十二层及以上的住宅,如果每单元只有 1 台电梯,在设置了单元与单元之间的连廊后,可增加一个日常使用的出口,防止电梯发生故障时住户只能走楼梯的尴尬状况。这样,单元之间的电梯就可相互借用。对于每单元每层不超过 2 套的十二层至十四层(不包括十四层跃十五层,且底部无敞开空间)的单元式住宅,考虑到户数较少,在规定的层高范围内影响面较低,且仅在十二层设连廊,建筑的立面也较难处理,因此,允许采用在屋顶设置连廊的方式作为弥补。

5.3.4 根据现行国家标准《无障碍设计规范》GB 50763 增加无

障碍通道的要求。

5.4 管道井

5.4.1 本市多层住宅以往都不设垃圾管道井,高层住宅一度设有垃圾管道井。但因管道经常堵塞,疏通不便,造成蚊蝇孳生,脏臭不堪,成为污染居住环境的主要部分,居民意见很大。同时响应《上海市生活垃圾管理条例》的要求,垃圾应分类投放指定地点的收集容器,分类清运,不设置垃圾管道井有利于垃圾分类的实施以及提供居民卫生清洁的居住环境。

5.4.2 燃气管道泄漏有较大的危险性,由于设置封闭楼梯间或防烟楼梯间的住宅建筑高度较高,如安全通道或楼梯间发生事故,影响面较大。因此,规定煤气管道井不得设置在前室、合用前室或楼梯间内,在满足现行国家标准《建筑设计防火规范》GB 50016 相关规定的特定情况下,可以设置在开敞楼梯间内。其他管道井因危险性较小,如采取有效措施,一般不会发生影响疏散的情况,因此,符合本条规定的其他管道井的检修门可设在前室、合用前室内。

5.5 出入口

5.5.1～5.5.2 对老年人、残疾人的关怀是社会文明程度提高的表现,上海市住宅电梯设置在实践中卓有成效,受到了广泛的好评。本条沿用原条文规定。

5.5.3 住宅信报箱的设置应按照现行国家标准《住宅信报箱工程技术规范》GB 50631 的规定执行。

5.5.4 为方便居民雨天出入,住宅出入口处应设置防雨措施。门斗设计应与建筑立面相协调,尺度不宜过大,并增强识别性。

5.6 公共用房

5.6.1 住宅设计应在最大程度上给居民创造一个安静、舒适、健康的环境,因此应对有噪声和废气散发的餐饮等商业性设施加以控制。近年来,国家和上海陆续颁布了多项控制噪声及废气的法规和标准,在居民对环保的自我保护意识加强后,有关投诉逐年增多,因此在设计中应重视这些问题。

5.6.2 经营、存放和使用甲、乙类火灾危险性物品的商店、作坊和贮藏间,例如有喷漆等甲、乙类作业的修车库等,火灾危险性大,一旦发生事故,危及住户的生命安全,因此严禁设置在住宅的公共用房(裙房)内。高层住宅的公共用房(裙房)中严禁使用液化气钢瓶。

5.6.3 住宅楼内设置的商业、办公等公共用房与住宅的使用功能不同,为保证住宅的安全,防止商店发生火灾威胁住户的安全,特作此条规定。住宅楼内设置的商业、办公等公共用房,其出入口或楼梯不得与住宅的出入口和楼梯相互借用,必须分开设置。

5.6.4 商业服务网点分隔单元的建筑面积限定以及疏散楼梯等消防要求应按照现行国家标准《建筑设计防火规范》GB 50016 的规定执行。

5.7 装 饰

5.7.1 住宅的公共部位是居民出入的必经之地,使用频繁,利用率高;同时,公共部位又是人们进入住宅最先接触到的空间,是人们第一印象的留存点。因此,对这些部位根据住宅的使用性质、品位进行适当的装饰是必要的。

5.7.2 涂料由于其生产能耗低,环境污染少,有利于防渗水,便于重复涂刷,且经济、美观、安全、品种多样,因此,可大力推广使用。目前有些开发商片面追求面砖外墙饰面层,以为这样档次高,实属一大误区。特别是有些外墙外保温系统外贴面砖还存在着一定的安全隐患。因此,作出了住宅外墙饰面宜选用涂料的规定。

5.7.3 装饰材料品种繁多,选用得当与否,直接影响居住质量、安全和健康。因此,应选用对人体健康无害的装饰材料,控制室内环境污染物的浓度限量,并符合现行国家标准《民用建筑工程室内环境污染控制规范》GB 50325 的规定。

目前,全装修房逐渐增多,选择用于房屋内部的材料应注意防火要求,并符合现行国家标准《建筑内部装修设计防火规程》GB 50222 的规定。有些有节能要求的墙体,往往为复合型墙体,在基层墙体上复合某种保温材料,则该材料的燃烧性能应按相关防火规范中对墙面的要求确定。

5.8 层数折算

5.8.1 在住宅建筑中,如将若干层层高超过 3m 的部分叠加,很可能不仅是一个层高的高度。对层高超过很多的住宅,还有出现将空间进行垂直分隔的可能,不仅对结构、使用带来不合理,而且对人员疏散和建筑总层数的确定带来困难。因此,对层高超过3m 的这些层,按其高度总和除以 3m 进行折算,确定计算层数并进行消防设计较为合理(不包括地下室)。本条文不牵涉到总平面建筑实际层数的标注和容积率以及单体平立剖面层数的划分。

5.8.2 底部敞开空间有利于居住区域的环境改善。考虑到层高为 3.00m 的十八层住宅,总高度为 54m,根据规范要求可设置 1部楼梯。而对于净高不超过 3.60m 的底部敞开空间,上部十八层住宅的层高不超过 2.80m 的住宅,其总高度也为 54m,人数、高度等情况相似。为此,在不影响结构、日照等情况下,可按实际层数减去一层后对照本标准其他条文的规定设计。

5.9 安全避难

5.9.1 避难层由于占据了整个一层楼面,如果容纳人员避难的避难面积(避难区)经计算后不需要占据全部楼面,其余空余的面积可安排作为设备用房(机房或中间水箱),但必需采用一定措施进行分隔,并且避难层内不得设置居住用房。避难层(间)面积的计算应按国家和上海市有关面积计算的规定执行。

避难层(间)的净面积本条按 3 人/m² 计算,高于现行国家标准《建筑设计防火规范》GB 50016 中的 5 人/m² 的标准,是因为考虑到住宅建筑每幢房屋中总的人员数量比公共建筑少,而在火灾这种灾难性情况下人的心情必然是烦躁不安的,在可能条件下适当放宽面积有利于创造一个较为宽敞舒适的环境,以平静避难人群的心情,有利于救助。

本条所指的相邻外墙开口水平间距是指该避难层(间)与相邻单元或与设备区的外墙开口的水平间距。考虑到避难层(间)的特殊性,本条规定略高于现行国家标准《建筑设计防火规范》GB 50016 的相关规定。

5.9.2 根据现行国家标准《建筑设计防火规范》GB 50016 的要求,54m 以上高层住宅应有一间房间满足特定的防火安全要求。

6 物理与室内环境性能设计

6.1 声环境

6.1.1 住宅建筑的质量不但体现在结构和装饰上,更应体现在住宅的功能上,其中包括声环境和热环境的性能及室内空气质量。从可持续发展的思路看,建筑物理环境的优越应体现在住宅设计理念中。声环境质量的要求国际上早已提出,1971年国际标准化组织提出的小区环境噪声标准是:住宅区室外噪声(窗前1m处)的基本标准是35dB(A)~45dB(A),并对不同时间、不同地区提出了不同的修正值。现行国家标准《城市区域环境噪声标准》GB 3096提出的城市环境噪声标准及适用区域见表2。

表2 城市环境噪声标准 [dB(A)]

类别	白昼	夜间	适用区域
0	50	40	疗养区、高级别墅区、高级宾馆区
1	55	45	居住、文教机关为主的区域
2	60	50	居住、商业、工业混杂区
3	65	55	工业区
4	70	55	道路交通干线道路内河道、铁路两侧区域

注:夜间突发的噪声,其最大值不准超过标准值15dB(A)。

不同区域的住宅,其环境噪声水平应达到表2的要求,在这种声环境下,住户安宁才能确保。

6.1.2~6.1.3 建筑物的隔声,按声音来源及传播途径可分为撞击声和空气声。撞击声是物体间发生碰撞,通过构件、结构传播的声音,在建筑物里多为人与楼板的碰撞。空气声是通过空气传播的声音,对空气声的隔断,称为空气声隔声。外墙的空气声计权隔声量,按目前的建材及墙身厚度,一般都能达到 45dB 以上。外围护隔声性能的强弱,主要反映在外窗的隔声性能上,因此,外窗在整个外围护结构隔声中起到了很大的作用。分户墙的空气声隔声性能,其重要性大于外墙。居民反映住宅隔声性能不好,往往指的是分户墙和分户楼板。分户墙的计权隔声量达到 45dB,一般不会听到隔间的说话声,可以满足住户对私密性的要求。楼板的空气声隔声性能问题不大,现浇混凝土楼板厚达 120mm,再加上找平层、装饰层,其空气声计权隔声量可达到 45dB 以上。

根据现行国家标准《民用建筑隔声设计规范》GB 50118 要求,分户构件空气声隔声性能采用计权隔声量与粉红噪声修正量之和(R_w+C),其指标是实验室测量值,供建筑师设计使用。现场两户的空气声隔声性能评价采用计权标准化声压级差与粉红噪声修正值之和($D_{nT,w}$+C),其指标是现场测量值。

外墙构件、分隔住宅和非居住用途空间的楼板构件空气声性能采用计权隔声量与交通噪声频谱修正量之和(R_w+C_{tr}),为设计选用的实验室测量值。现场测量值为计权标准化声压级差与交通噪声修正值之和($D_{nT,w}$+C_{tr})。

本次修订提出户内隔墙的要求,是考虑全装修住宅可能会出现各种轻质薄型的隔墙材料,在此提出隔声要求是及时和必要的。

6.1.4 住宅建筑外窗的隔声性能如何,直接影响居室的环境噪声水平,对居民生活影响最大。目前上海有不少开发商已采用单框双玻外窗,隔声性能较好。但是实验室的空气声隔声性能(R_w+C_{tr})即计权隔声量与交通噪声修正量之和要达到 30dB,比以前标准有较大提高,要达此标准有一定难度。选用外窗时,应注意目前使用的推拉窗隔声性能不佳的现状,慎重挑选合适的推拉窗。

6.1.5 为了有效提高生活质量,提出住宅建筑户门的隔声要求是完全必要的。户门隔声性能的优劣,不但受到门扇材质、制造工艺的影响,同时还受到安装质量的影响。本标准对门空气声隔声性能采用计权隔声量与粉红噪声修正量之和($R_w + C$)提出要求。

6.1.6 本条针对撞击声问题。本次修订作了很大改动,应引起各方注意。本次修订对全装修房提出较高要求,符合上海经济、社会发展要求。根据现场实际情况,隔撞击声可能会出现一些差异,现场的指标要求采用标准化撞击声指标。改善撞击声可以有多种方法,采用浮筑楼板是一种改善量较大的设计构造。国家、行业已有标准图集出版,具体可参见现行国家建筑标准设计图集《建筑隔声与吸声构造》08J931 或更新版本。

6.1.7 某些高层建筑由于处理不当,致使电梯井噪声干扰了住户的居住和休息。由于固体传声较难消除,目前保障性住宅不能做到电梯井不紧邻卧室和起居室,故本标准仅提出电梯井道不应紧邻卧室的要求,紧邻其他居住空间时,应采取隔声措施。

6.1.8 住宅建筑内噪声的高低还受到建筑内部设备的影响。如上海某高层住宅的水泵房设置在地下室,由于隔振性能不好,尽管管道使用了软接口,但二楼、三楼室内的噪声还是很高。考虑到上述因素,提出了水泵房不宜设在住宅建筑内的要求。"不宜"主要考虑把水泵房一律设在住宅外,受总体条件限制还不能完全做到,另一方面,目前已有低噪声水泵产品供应,且已经应用,噪声并未超标。允许噪声值是指在关窗状态下(见第 6.1.10 条),卧室白天为 45dB(A),夜间为 37dB(A)。

水泵房设在住宅内,如采取相应技术措施,可以使卧室、书房、起居室噪声不超过允许值。这些措施有:

　　1 应采用噪声低于 55dB 的水泵。

　　2 平面设计中水泵房不应紧邻卧室、书房、起居室。

　　3 水泵房应采取减噪隔振措施。

6.1.9 卫生洁具坐便器排污管道噪声,居民多有反映,可采用包覆吸声隔声材料达到降噪效果。

6.1.10 本标准根据现行国家标准《民用建筑隔声设计规范》GB

50118 提出,应为住宅关窗状态下的室内允许噪声级。交通干道两侧的住宅开窗达到此要求难度较高。

6.1.11 全装修房的提出,必然会有各种户内的分隔材料和各种吸声隔声材料应用,在此提出必须符合消防要求。

6.2 热环境

6.2.1 对于住宅围护结构所提出的节能指标,同现行上海市工程建设规范《居住建筑节能设计标准》DGJ 08−205 的规定一致,其中对外窗的保温要求传热系数小于等于 $2.2W/m^2 \cdot K$,本次修订没有必要另提指标,或提高指标、减低指标要求。

6.2.2 由于对围护结构提出的热工性能要求是外墙平均传热系数,而热桥部位因保温薄弱,热流密集,内表面温度较低,可能产生程度不同的结露和长霉现象,影响到住宅的使用和耐久性,因此提出了热桥的保温要求,以防结露。验算方法按现行国家标准《民用建筑热工设计规范》GB 50176 执行,上海地区冬季气候不同于北方,注意某些热桥部位不会结露。

6.2.3 建筑围护结构采用保温材料时,其燃烧性能应符合国家和本市相关标准的要求,以保障建筑物的消防安全。

6.2.4 建筑节能和建筑热工夏季隔热设计,设置外窗活动外遮阳装置是重要的一环。尤其是全装修房,应采用适宜的活动外遮阳等先进的建筑节能技术和装置。

6.3 室内空气质量

6.3.1～6.3.2 随着经济、社会发展和全装修房的普及,装修材料的应用及实际发生的问题,与现行国家标准《住宅设计规范》GB 50096 保持一致,提出室内空气质量要求,非常及时和必要。

7 构配件设计

7.1 门 窗

7.1.1 住宅分户门应设计为安全防卫门,且使用符合国家标准的产品。随着生活质量的改善,住户对分户门的要求已不仅仅是安全防卫,还要求与保温、防火、隔声等性能相结合,做到既美观耐用,启闭时又不产生金属撞击声。为防撬窃,分户门上不应开气窗。

7.1.3 底层外窗或凸窗与阳台门是安全防范的重点部位,有条件的居住区域宜设置红外防盗报警装置;尚不具备条件的,则应在窗或阳台门内侧设置防卫设施。紧邻公用走廊或公用上人屋面的窗和门也应设置防卫设施。

7.1.4 本条是为外窗的安全使用制订的。但当窗台底距楼面低于 0.90m 时,因无连接阳台或平台,易发生跌滑事故。为防止儿童攀爬和保证成人外探时的人身安全,要求设置安全防护设施。对于凸窗窗台的高度,一般认定以 0.45m 为可踏面。当窗台低于或等于 0.45m 时,被认为是可以随意攀爬的。此时的防护措施的高度,应从凸窗窗台面起算不低于 0.90m。当窗台高于 0.45m 时,被认为是不可随意攀爬的。此时的防护措施高度,应从凸窗窗台面起算不低于 0.60m。0.60m 的设定是考虑到万一有儿童进行攀爬,以幼儿(学前儿童)的身高和重心不致因站立失稳而跌出窗外。

　　防护设施的设置一般有下列两种做法:

　　1)设置栏杆,其水平受力应大于等于 100kg/m。

　　2)在防护位置以下采用安全玻璃固定扇,应采取措施防止安全玻璃脱落,安全玻璃的水平受力应大于等于100kg/m。

本条第4款为新增条款。

7.1.5~7.1.6 住宅套内各部位门洞的最小尺寸限制,是根据住宅使用功能要求的最低标准提出的,设计时应根据所用材料的厚度或特殊要求留有余地。条文中对分户门的净宽进一步明确,设计时应进行核算。为改善室内通风,可在套内门上方设置气窗,但其门洞口高度不应小于2.40m。

7.1.7 有关门洞口宽度的规定,不包括信报箱、设备用房的门。公共部位门的净宽度应符合现行国家标准《建筑设计防火规范》GB 50016中的相关规定,在设计时应经计算确定后核算。为满足住户的私密性要求,本条对住宅套内面向走廊或凹口的门窗应采取避免视线干扰的措施作出规定。面向走廊的窗,其窗扇不应向走廊开启,而应向内开或做成推拉窗,以避免妨碍交通。

7.2 信报箱

7.2.1 随着生活质量的不断提高,住户对住宅信报箱提出了更高的要求。信报箱、智能信报箱的设置应按照现行国家标准《住宅信报箱工程技术规范》GB 50631、《住宅信报箱》GB/T 24295以及现行行业标准《智能快件箱设置规范》YZ/T 0150的相关规定执行。

7.2.2~7.2.3 近几年来,新建多层住宅单元一般均安装了电子安全总控门,但信报箱的安装位置不一,大多设在总门外。本条要求任何安装方式都应设在明显处,以便于信报的投递。

7.2.4 有些高层住宅因楼内住户多,因此往往在入口处设置安全保卫、便民服务的值班管理室。为了管理的方便,信报间或信报柜宜结合管理值班室设置。

7.2.5 本条为新增条文,为满足目前快递投递的需要,鼓励建设智能快件箱,在便于快递投递的地方,为设置智能快件箱预留位置、埋设电源、配备照明设施。

7.3 排油烟道、排气道

7.3.1 该条提出了当厨房、卫生间设置垂直排烟道、排气道的要求,尤其是厨房体积小,热负荷较大,竖向排油烟道在多台排油烟机同时运转时,可能发生回流、串烟现象。为保证使用效果,提出了对垂直排油烟道断面按排气量确定的规定,同时应采取防止油烟气回流和串烟的措施。这些措施包括通过有效的引流变压,在开机率50%的情况下,使不开机的楼层排气口的负压值出现率大于等于90%或采取可靠的止逆措施(但目前对止逆阀泄漏量尚无合理的限值规定和相应的检测方法)。厨房的平均排气量大于等于$300m^3/h$;卫生间的平均排气量大于等于$85m^3/h$等。此外,考虑到长期使用,排油烟道、排气道还应当方便检修、清洗。

7.3.2 厨房垂直排油烟道独立设置主要是为了安全,同时防止相互干扰,尤其不得与燃气排气合用一个管道。安装无动力风帽的目的,是当非炊事时间排气机械不运转时,遇到燃气泄漏或烟气泄漏现象能进行自然排气,防止室外风力过大时回风和雨水倒灌。

7.3.3 高层住宅中,各种竖向管井都是火灾蔓延的途径。为了不致扩大灾情,规定排油烟管道采用不燃烧材料制作,且其耐火极限不应低于1.00h。

防火隔离措施指现行国家标准《建筑设计防火规范》GB 50016中提到的两种措施:一是防止火焰回流的措施;二是在水平支管上设置防火阀。从实施操作性来看,以设置防火阀更为直观和有效。但厨房垂直排烟道长期以来没有这方面功能,不能不说有一定隐患。目前有些企业已开发这方面产品,因此作出这一规定。

7.3.4 许多低层、多层住宅常采用水平烟道出外墙排油烟的设计,但处理不当,易发生交叉污染,影响小区环境和景观。本条要求设计时应采取创新措施,以使设计隐蔽、美观,防止烟气交叉污染。

7.4 楼地面、屋面、墙身

7.4.1 上海属夏热冬冷地区,雨水多,梅雨期长,且地下水位较高,底层卧室、起居室及书房等的地面较潮湿,家具、衣物、室内装饰等易霉变损坏,因此应采取防潮措施。

7.4.2 本条适用于无地下室住宅。住宅底层厨房、卫生间、楼梯间往往是煤气管道进户通过处,采用回填土夯实后浇筑混凝土地坪,是为防止因燃气泄漏积聚易发生爆炸危及居民的生命财产。以上房间均不得使用架空板。

7.4.3 本条是指与燃气引入管立管相邻或贴邻的房间,应采取措施,防止地面以下空间因燃气积聚而发生爆炸,危及居民的生命财产。可在地基面至室内地坪面的墙身,采用C20密实钢筋混凝土浇筑,该墙身范围见图1中黑粗线部分,也可将室内地面以下空间与室外空气相流通等。当室外散水坡大面积采用硬地时,则C20密实钢筋混凝土墙无效,只能采用使空气流通的办法。下部管道是指给、排水等各类管道。相邻、贴邻的概念见图1。

7.4.4 渗漏是住宅尤其是厨房、卫生间等部位的通病。本条要求设计时应在厨房、卫生间、太阳能热水器放置区的楼板及卫生间的墙身采取防水措施,以从根本上防止渗漏。

7.4.5 坡屋面既能避免或减少平屋面出现的渗漏现象,又能保温、隔热、节能,还能美化城市景观,因此低层、多层住宅宜设计成坡屋面。但不能千篇一律,应有特色和个性,并与周围环境、景观相协调。当设计为平屋面时,宜布置屋顶绿化,以利于节能及生态化发展需求。

7.4.6 随着社会经济的发展和人们节能意识的提高,我国利用

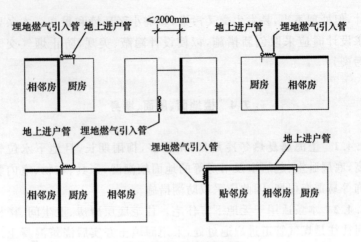

图 1 相邻、贴邻概念图

太阳能这种天然可再生能源的绿色能源越来越受社会的广泛关注,太阳能光电技术、太阳能光热技术等都有了较大的发展,技术也更加成熟。在上海和江浙一带,太阳能热水系统的使用效果不差,已有一定规模,但通常是在住宅建成后由各户自行购买和安装,与原有建筑很难协调,往往破坏了原有的建筑立面和环境效果。因此,鼓励统一设计安装太阳能热水系统,即在建筑设计同期考虑太阳能热水系统的类型和安装位置,并对住宅设置太阳能热水系统进行规定。对于采用太阳能热水系统的住宅,设计单位应根据已选定的系统类型设计确定太阳能集热器、水箱等各组成部件的位置及安装方式,预留安装预埋件和穿管的孔洞,并注意与建筑的整体协调和防水防渗漏等问题。

7.5 空调室外机座板

7.5.1 住宅设计中空调外机的安置措施一般包括设置空调室外机座板、设备平台等形式。

7.5.2 空调机现已普及,但许多住宅空调室外机座板的设置存在诸多安全隐患。本市曾出现新建住宅小区一味追求建筑外立面美观整齐,空调室外机座板设计不合理,从而导致安装维护出现安全隐患的情况。本条从安全的角度出发,规定空调室外机位的设置应充分考虑安全性和工人操作的便捷性。这里的安全性包含了空调室外机座板的结构安全、空调室外机的安装安全及维修安全。

同时,空调室外机座板的设计关乎住宅建筑的外观,设计不当会破坏居住区环境,影响城市景观。因此,要求严格按照本市有关管理规定进行住宅空调室外机位置的设计,其设计应与建筑立面相协调,做到美观,适用且有序。空调室外机排风不应对相邻户产生影响。

空调室外机座板宜采用钢筋混凝土等结构形式,不宜采用木结构、钢结构等结构形式,不得采用三角铁和膨胀螺栓等不安全、易脱落等结构形式。

此外,设置家庭式中央空调系统的住宅,在设计空调机座板的时候,应考虑家庭式中央空调的荷载。

7.5.3 本条主要出于对安全的考虑。当室外机座板相邻时,为防止盗窃者从一家攀到另一家,应在座板间设计安全隔离装置。

7.5.4 本条为新增条文。保证空调室外机的正常运转以及室内制冷制热效果,同时也保证空调器室外机附近区域的环境质量,室外空调机板进深(空调外机板边缘至住宅外墙边缘距离)宜为750mm。空调器室外机的安装要求见《上海市空调设备安装使用管理规定》中的规定。

现行上海市建筑标准设计《分体式空调室外机座板建筑构造》DBJT 08—91中规定:"当围栏采用金属百叶时,应采用非防雨型固定百叶,百叶角度宜向下 0~20°,有效流通面积应大于80%。"

7.5.5~7.5.6 本两条为新增条文,增加了设备平台设置要求。100m及以上的高层住宅,出于安全等方面考量,不应设置室外机座板,宜在阳台、设备平台或套内其他位置设置集中空调机组。

7.6 防火分隔构造

7.6.2 楼梯间或前室(合用前室)墙,根据国家防火技术规范的要求,应为耐火极限大于2.00h的防火分隔墙。本条系比照防火墙的防火构造要求作出的规定。

7.6.3 本条系比照户与户之间的防火分隔墙体要求作出的规定。

7.6.4 住宅建筑的火灾危险性与其他功能的建筑有较大差别,一般需独立建造。当将住宅与其他功能场所空间组合在同一座建筑内时,需在水平与竖向采取防火分隔措施与住宅部分分隔,并使各自的疏散设施相互独立,互不连通。在水平方向,一般应采用无门窗洞口的防火墙分隔;在竖向,一般采用楼板分隔并在建筑立面开口位置的上下楼层分隔处采用防火挑檐、窗间墙等防止火灾蔓延。现行国家标准《建筑设计防火规范》GB 50016第5.4.11条(强制性条文),必须严格执行。

7.6.5 全封闭的内天井易成为加速火焰及烟气上升蔓延的拔风通道,严重影响上层住户的防火安全。因此,不管天井有无顶盖,都不应设计全封闭的内天井。

8 技术经济指标

8.0.1 技术经济指标是住宅设计的重要内容,这些指标应在设计文件中清楚地表示出来。条文中套型其他面积是指套内凸窗、装饰性阳台、花池、空调室外机座板、结构板等面积。

8.0.2 统一计算规则,有利于参与建设各方对工程的技术经济进行评估,避免或减少扯皮现象。保证住宅总建筑面积与全楼各套型总建筑面积之和不会产生数值偏差。

条文中所述结构板是指体形较复杂高层建筑中用于加强建筑整体的刚度所采用的结构连梁、结构板等结构构件。

条文中所述相应的建筑面积包含住户套内的管道井、住户分摊面积等。

8.0.3 套内使用面积是指每套住户分户门内除了阳台和需计算面积的套内凸窗、装饰性阳台、花池、空调室外机座板等的独自可使用的面积,通常按墙体结构表面尺寸进行计算,为便于计算,粉刷层可以不列入计算范围。但有内保温时,应将内保温层视作结构墙身厚度,经扣除后计算。本标准延续上一版的编制内容,将现行国家标准《住宅设计规范》GB 50096 中不计算面积的净高从1.20m 提高为 1.50m,将按 1/2 计入使用面积的净高从 1.20m~2.10m 提高为 1.50m~2.20m,将全部计入使用面积的净高从2.10m 提高为 2.20m。

8.0.4 本条是依据《上海市建筑面积计算规划管理暂行规定》和《〈上海市建筑面积规划暂行规定〉有关适用问题回答》的有关要求进行修订的:

1 原标准的套型面积计算方法是利用住宅标准层使用面积系数反求套型建筑面积,其计算参数以标准层为计算参数。本次修订以住宅整栋楼建筑面积为计算参数。该参数包括了本栋住宅楼地面以上的全部住宅建筑面积,但不包括本栋住宅楼的套型阳台面积总和及套型其他面积总和,这样更能够体现准确性和合理性,保证各套型总建筑面积之和与住宅楼总建筑面积一致。

本栋住宅楼地面以上全部住宅建筑面积包括了供本栋住宅楼使用的屋顶水箱、设备层等设备用房、电梯机房等地上机房,楼梯间以及当住宅楼和其他功能空间处于同一建筑物内时,供本栋住宅楼使用的单元门厅和相应的交通空间建筑面积。

2 以全楼总套内使用面积除以住宅楼建筑面积(包括本栋住宅楼地面以上的全部住宅建筑面积,但不包括本栋住宅楼的套型阳台面积和套型其他面积),得出一个用来计算套型总建筑面积的计算比值。与原标准采用的住宅标准层使用面积系数含义不同,该计算比值相当于全楼的使用面积系数,采用该计算比值可以避免同一套型出现不同建筑面积的现象。

$$K=(全楼总套内使用面积)/(住宅楼建筑面积)$$

套型总建筑面积=套内使用面积/K+套型阳台面积+套型其他面积

9 结构设计

9.0.1 住宅结构可采用现浇钢筋混凝土结构、砌体结构、装配整体式混凝土结构、钢结构、钢-混凝土混合结构、木结构等结构体系。其中采用现浇钢筋混凝土结构、砌体结构是比较普遍的,但也不排除采用其他类型的结构形式。采用装配整体式混凝土结构主要考虑未来结构的发展的工厂化、低碳化趋势,在发展的同时更应关注结构的安全性。装配整体式混凝土结构的连接构造尚应符合抗震设计的理念与要求。高层装配整体式混凝土结构也宜满足现行行业标准《高层建筑混凝土结构技术规程》JGJ 3 第 7.2.3 条的规定。钢结构具有强度高、延性好、工厂化的特点,也是住宅结构产业化发展的方向之一。

9.0.2~9.0.3 根据现行国家标准《工程结构可靠性设计统一标准》GB 50153 的规定,住宅房屋建筑结构的安全等级一般为二级,设计使用年限为 50 年。目前市场上对住宅品质有高低不同的需求,住宅结构的设计使用年限可根据业主的要求高于一般规定的 50 年,或为 100 年。工程的业主和设计人员应关注工程的功能需要和经济性的相互关系,设计人员在工程设计前应该首先听取业主和使用者对于工程合理使用要求,确定主体结构的合理设计使用年限。在许多情况下,合理的耐久性设计在造价不明显增加的前提下就能大幅度提高结构物的使用寿命,使工程具有优良的长期使用效益。若设计使用年限提高至 100 年,工程仍可视为是普通建筑,工程结构的安全等级仍可为二级。考虑结构设计使用年限为 100 年的建筑,荷载调整系数根据现行国家标准《工程结构可靠性设计统一标准》GB 50153 第 A.1.9 条取 1.1,地震作用调整系数可按《建筑抗震设计规范》GB 50011 第 3.10.3 条的条文说明执行。一般情况下,按结构设计使用年限100年进行设计的结构,其构件尺寸会大于以往设计的住宅结构构件截面尺寸,这需要市场来平衡相关的关系。

混凝土结构在住宅设计中是最为常见的结构形式,住宅工程的耐久性设计是对结构设计使用年限的有效保证。其设计内容包括了结构设计使用年限、环境类别及作用等级、材料的耐久性要求等。混凝土结构设计使用年限提高至100年可根据现行国家标准《混凝土结构耐久性设计规范》GB/T 50476的相关规定执行。其他材料的结构若设计使用年限提高至100年,则需专门论证与研究。

由于目前钢结构防腐涂料年限达不到50年的设计使用年限,故必须通过合理的防腐涂料更换周期以达到耐久性设计要求。在选用钢结构(或部分钢结构)时,设计人员应充分告知业主有关更换防腐涂料周期对后续使用的不利影响。采用钢构件包裹混凝土等方法也是解决钢结构防腐要求的有效途径。

9.0.4 此条文突出明确构件的防火设计应符合现行国家标准《建筑设计防火规范》GB 50016的相关要求。涉及钢结构、木结构等防火的特别规定应参照相关的现行规范、规程、标准的要求执行。

9.0.5 根据现行国家标准《建筑工程抗震设防分类标准》GB 50223的规定,住宅建筑的抗震设防类别不应低于标准设防类(丙类)。

9.0.6 结构设计中以10层及10层以上或房屋高度大于28m的住宅建筑为高层建筑,2~9层或房屋高度小于等于28m的住宅建筑为多层建筑。这不同于建筑相关规定。

9.0.7 本条是对建筑方案阶段结构设计在各方面规则性的原则。具体设计由于情况复杂,不能完全按规则性原则执行,但设计人员应做到结构尽量规则。错层、平面楼板不连续及竖向构件不连续等结构不规则部位易造成结构震害。在住宅结构设计时,应在方案阶段避免或减少不合理的结构。对于无法避免的结构不规则情况,应有针对性的设计措施,以提高结构安全安全性。

9.0.8 住宅设计转角窗比较普遍。转角窗对抗震设计不利。本条是对转角窗结构设计作了具体规定。建筑物角部是结构抗震的薄弱部位,由于转角窗洞的设置对结构抗震设计不利,扭转效应通过角部构件包括抗侧力墙、楼板、悬挑连梁传递内力,构件应力容易集中、受力复杂。有些工程转角窗洞开得较宽,使得角部构件削弱很多,因此,必需采取加强措施及必要的计算分析手段以确保结构的安全。

转角窗洞处的剪力墙厚度在满足现行行业标准《高层建筑混凝土结构技术规程》JGJ 3 附录 D 墙肢稳定的条件下可适当减薄,但不应小于 200mm。

9.0.9 一般卫生间荷载根据现行国家标准《建筑结构荷载规范》GB 5009 取值为 $2.5kN/m^2$。对于荷载较大的设水冲按摩式浴缸的卫生间,根据《全国民用建筑工程设计技术措施(2009 版)》进行规定。住宅的荷载取值应充分考虑装修荷载包括地暖、同层排水等加大荷载的因素。对于建筑设计为可变化隔间的住宅,荷载取值应充分考虑隔墙材料及其分隔变化带来的不利影响。

荷载取值中对于未计覆土且未明确的室外地面活荷载,按不小于 $5.0kN/m^2$ 是考虑到室外活荷载的不确定性较大。对于有确定性的荷载,包括车道、绿化等应按实际情况考虑。设计考虑最大消防车重量需与当地消防主管部门商定,现行荷载规范中的消防车荷载为 30 吨级。除消防车道按规范取值外,其他车道应考虑大客车、货车(包括搬家车)的荷载。对于地下室外侧墙板,计算时地面活荷载宜取不小于 $10.0kN/m^2$ 或按实际情况考虑。

9.0.10 本条强调设计选用计算模型的准确性。由于工程设计的复杂性,设计人员必须对计算分析模型的选用进行考量。整体斜坡屋顶在住宅设计中较为常见,按实际情况建模也是为了保证计算模型准确性。

9.0.11 本条是对第 9.0.10 条计算模型中楼板的计算模型细

化,并强调楼板有效宽度较窄的环形楼面或其他有大开洞楼面、有狭长外伸段楼面、局部变窄产生薄弱连接的楼面、连体结构的狭长连接体楼面等场合,计算时应考虑楼板的面内变形影响。

9.0.12 住宅建筑平面长度往往较长,设计人员应考虑温度作用效应对结构的不利影响。如何控制温度作用效应应由设计人员按照现行国家标准《建筑结构荷载规范》GB 50009、《混凝土设计规范》GB 50010 等相关规范进行设计。一般情况下,无专门措施时,剪力墙结构的住宅建筑的长度不宜超过 45m,框架结构的住宅建筑的长度不宜超过 55m,砌体结构的住宅建筑的长度不宜超过 50m。有充分理论依据及相应措施时,房屋长度可以放宽。

9.0.13 在结构整体计算时,应根据实际情况分析判别楼梯构件是否对其整体计算指标产生影响。对于混凝土框架结构,楼梯参与结构整体计算,会改变楼梯间框架柱与其他框架结构的内力分配比例。仅考虑楼梯的斜撑刚度作用而忽略填充墙等刚度的作用,往往会片面夸大楼梯斜撑作用对框架结构的影响,从而使得结构计算与实际情况产生偏差而造成结构的不安全。故在设计时,应根据实际情况分析判别楼梯构件是否对其整体结构的刚度、抗扭转等控制指标产生较大影响;若产生较大影响,则应调整结构布置。对于楼梯间的设计应更注重于楼梯构件及楼梯间周围竖向、水平构件的内力及配筋设计。考虑实际情况及地震情况下构件受力的复杂性,在没有计算依据及可靠构造措施的情况下不建议推广采用滑动铰的楼梯形式。

剪力墙结构中预制楼梯不宜采用滑动楼梯。预制楼梯应通过构造连接给外侧剪力墙提供侧向支撑,否则楼梯间外侧剪力墙因无侧向支撑而与计算假定不符,并有可能带来安全隐患。

9.0.14 楼板采用现浇钢筋混凝土板或叠合现浇钢筋混凝土板,主要是考虑增加结构连接的整体性及提高结构的抗震性能。板厚及板的混凝土强度的规定,主要是为了减少楼板的开裂。楼板防裂的其他加强措施,一般是在房屋屋面阳角处和跨度大于3.9m的楼板设置双层双向钢筋、外墙转角处部位设置放射形钢筋等。

装配整体式预制阳台（包括装配整体式悬挑板）或悬挑阳台外挑长度大于等于1200mm时，宜采用梁板式结构，主要是考虑施工因素对悬挑板的不利影响。装配整体式预制阳台在其悬挑根部的连接条件相对更差，采用梁式悬挑时连接部位能得到一定改善。由于许多建筑方案不支持梁式悬挑阳台，故在板式悬挑时加强其悬挑根部的抗剪措施是必要的，且悬挑板的厚度不宜太薄。飘出一定长度的挑檐、悬臂板等构件底部配置受力钢筋，主要考虑施工因素及竖向地震动力效应对悬挑板的影响而增加的构造措施。

剪力墙外转角处开洞（图2）使得斜向楼板承担传递开洞造成的墙体间水平力作用显著提升，故此区域应采用现浇混凝土楼板以增强结构的整体性，楼板厚度应适当加厚，楼板配筋适当加强。区域楼板的现浇范围不得少于单侧开洞净尺寸500mm。

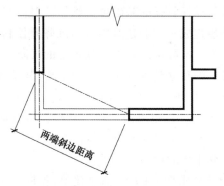

图2 墙肢开口两端斜边长度距离

9.0.15 住宅设计管线是否合理布置对结构构件影响较大，而这又往往被设计人员所忽视。本条对设备管线的布置作出相关规定。

9.0.18 地基设计承载力极限状态验算应包括不同工况组合的

承载力的计算。对于存在水浮力、水平荷载等不同工况下的地基基础,应考虑基础(包括桩基)相应工况组合承载力是否满足要求。地基基础的稳定性包括基础的埋置深度、抗倾覆验算等。地基基础荷载效应的取用为地基承载力计算采用标准组合;地基变形计算及基础偏心距计算可采用准永久组合;基础内力和强度计算采用基本组合。承载力计算时的不同工况应包括施工期间及正常使用期间等不同时段的工况。

预应力圆(方)管桩用于抗拔桩时宜采用单节桩,在接桩节头连接有充分保证的情况下可采用多节桩。存在水平荷载的预应力管(方)桩应复核其灌芯深度是否符合抗水平力的要求。

由于软土地基的不确定性及目前计算手段所限,沉降差、倾斜的理论计算值与实际结果存在一定的偏差,本条作为控制指标主要是针对计算值。建筑地基不均匀、荷载差异较大、体型复杂等因素引起的地基变形,对于砌体承重结构可由局部倾斜控制;对于框架结构可由相邻柱基的沉降差控制;对于多层或高层建筑等带地下室及整体性较强的基础可由整体倾斜值控制;对于层数相差较大高低层连成一体的建筑物可由沉降差控制。必要时,尚应控制建筑物平均沉降量。除本条款规定的沉降差外,对于基础整体性相对较弱的独立基础的多层框架结构,其基础沉降差尚不应小于 $0.003l$(l 为相邻柱基础的中心距离)。倾斜指基础倾斜方向两端点的沉降差与其距离的比值。基础倾斜包括整体倾斜与局部倾斜。局部倾斜指砌体承重结构沿纵向 6m～10m 内基础两点的沉降差与其距离的比值。

对于沉降差要求较高的多、高层建筑,控制绝对沉降量可以有效控制沉降差在较小的范围内。高层建筑基础中心计算沉降量限值在 100mm～150mm 范围内,对沉降差要求高的工程,其沉降量限值宜按下限值标准控制或提出更高的控制要求,对于沉降差要求不是很高的工程,其沉降量控制可按上限值标准控制。房屋的倾斜控制也应根据房屋高度、沉降要求的不同进行限制。

低、多层住宅结构单栋建筑偏心距一般需控制在15‰以内；高层住宅单栋建筑偏心距需控制在1%内。对于计算绝对沉降量控制较好且有工程经验的工程，可适当放宽偏心距的控制。

9.0.19 住宅舒适度振动主要体现在楼盖及相关结构构件的竖向振动。一般情况下，楼盖结构竖向振动频率大于等于3Hz基本可满足振动舒适度的要求，但控制舒适度振动的主要指标是竖向振动加速度峰值。一般住宅建筑楼盖结构的竖向频率小于3Hz时，需验算竖向振动加速度。计算方法可依据现行行业标准《高层建筑混凝土结构技术规程》JGJ 3相关章节。对于竖向振动加速度控制指标，楼盖竖向振动频率不大于2Hz时，竖向振动加速度峰值不应大于0.07m/s^2，楼盖竖向振动频率不小于4Hz时，竖向振动加速度峰值不应大于0.05m/s^2，中间可按插值控制。对于不满足要求的结构，应进行增大楼盖结构的竖向振动频率措施或采用减振措施，以达到竖向振动加速度控制标准。

随着城市轨道交通的不断发展，轨交列车运营振动对住宅的影响越来越普遍，相关的国家及地方控制标准已经颁布，且以振动加速度级（单位为dB）为控制参数指标。如现行上海市地方标准《城市轨道交通（地下段）列车运行引起的住宅建筑室内结构振动与结构噪声限值及测量方法》DB31/T 470－2019给出了表3的控制标准。

表3　上海标准中住宅室内振动限值

区域分类	适用范围	昼间(dB)	夜间(dB)
1类	居住、文教区	70	67
2类	居住、商业混合区	72	69
3类	工业集中区	75	72
4类	交通干线两侧		

其中,振动加速度振级按下式计算:

$$VAL = 20\log\left(\frac{a_r}{a_0}\right)$$

式中:VAL——振动加速度级(dB);

a_r——振动加速度有效值(m/s^2);

a_0——基准加速度,$a_0 = 10 m/s^2 \sim 6 m/s^2$。

地铁等轨道交通引起的环境振动对其沿线居住建筑等产生的影响干扰居民的工作生活,因此控制和减少地铁等轨道交通对居民住宅的影响已成为一个重要的工程技术问题。控制和减少轨道交通对环境振动的影响,可以从振源强度的控制、传播途径的隔离和被影响建筑物本身的处理三方面着手。地铁振源强度的降低对环境振动的影响是最直接的,无论是振动的影响范围还是影响程度的大小都直接与振源强度相关。为控制对居民住宅的不利振动,应尽可能采取综合的技术措施。

地铁等轨道交通对环境振动的影响距离范围的确定较为复杂,上海地区目前没有很广泛的实测数据作为地铁等轨道交通振动影响距离范围的依据。以原上海现代建筑设计集团有限公司技术中心结合上海某地铁线路(地铁轨道采用减振扣件)实际工程为例,实测列车引起的地面振动随距离的衰减规律如图 3 所示,与隧道中心线距离从 0m 增加到 27.7m,地表振动振级从 70dB 衰减到 57dB,局部区域有反弹。从图 3 中可以看出,远离地铁区间约 30m,地表振动能够有较大幅度的降低。居民住宅应尽可能避开振动影响较大的区域。对于邻近轨交的工程,可以在工程前期作相关振动影响范围测试及评估。

相关的国家及地方控制标准在执行方面尚不够理想,这往往造成相关的民事纠纷。因此,在住宅设计中设计人员应对长期外源振动(主要是城市轨道交通列车运行)而产生的结构振动舒适度设计引起足够的重视。由于外源振动引起的振动舒适度设计专业性较强,并带有相关的振动测试、振动噪声控制及隔振减振

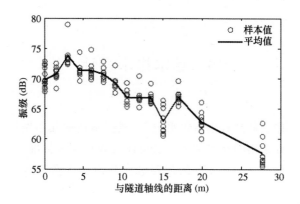

图 3　实测地表振动随距离的衰减

设计,相关的工程设计可委托有专业经验的设计单位进行专项设计。现有的相关规范及标准有《建筑工程容许振动标准》GB 50868、《城市轨道交通(地下段)列车运行引起的住宅建筑室内结构振动与结构噪声限值及测量方法》DB31/T 470、《上海市环境噪声标准适用区划(2011 年修订)》等。

10 给水排水设计

10.0.1 住宅最高日生活用水定额,根据本市前几年城镇新建商品住宅设计采用的用水量情况以及执行现行国家标准《民用建筑节水设计标准》GB 50555 的规定和实施阶梯水费等节水措施而确定。

10.0.2 上海自来水水质执行现行国家标准《生活饮用水卫生标准》GB 5749 和上海市地方标准《生活饮用水水质标准》DB31/T 1091 的要求。当采用二次供水设施来保证住宅正常供水时,二次供水设施的水质卫生标准应符合现行国家标准《二次供水设施卫生规范》GB 17051 的规定。

10.0.3 利用市政管网供水压力直接供水应按 2012 年上海市建筑学会建筑给水排水专业委员会、上海市勘察设计行业协会审图专业委员会给排水专业组组织召开的"上海市节水设计、审图方面问题讨论会"会议纪要执行。会议纪要有关内容:"关于在住宅设计中利用市政管网压力直接供水的问题。(1)住宅小区应充分利用市政管网供水压力直接供水;(2)住宅小区室外生活、消防管道应合用;(3)一层及一层以下应直接供水,一层以上直接供水范围应根据当地自来水公司提供市政给水管网水压通过计算确定;(4)利用市政给水管网压力直接供水时,直接供水管道不应从水池进水管上接出,应有保证直接供水楼层的给水流量和压力的措施;(5)当直接供水有困难时,应由业主负责组织召开供水部门、设计等有关方面协调会,并形成会议纪要作为设计和审图依据。"

为减少给水系统的相互影响,保证居民生活用水的稳定和安全,当住宅小区含有配套商业、活动室、会所等非居民住宅生活用水时,居住小区一根引入管之后,其配套设施给水系统与住宅给水系统分开设置,计量水表也独立设置。

10.0.4 根据现行国家标准《住宅设计规范》GB 50096 和《建筑给水排水设计规范》GB 50015,住宅室内给水系统最低配水点静水压力不应大于 0.45MPa;大于 0.45MPa 时,应采取竖向分区。由于现行国家标准《住宅设计规范》GB 50096 已明确给水总管不应设在住宅套内,应设置在共用空间内,不会产生对居民睡眠影响,故将高层住宅竖向分区与现行国家标准《建筑给水排水设计规范》GB 50015 中要求一致,可避免竖向分区过多,节约投资。经实践,采用减压阀分区供水比较安全可靠,且维修方便、占地较小,因此实行分区时宜采用减压阀装置。为保证减压阀组安装及减压后住宅套内用水压力,分区减压阀组宜设于需减压楼层的上一楼层。入户管给水压力的最大限值规定为 0.35MPa,与现行国家标准《住宅建筑规范》GB 50368 一致。

10.0.5 水表前静水压力的最低要求是为了确保居民的正常供水,但由于住宅户型设计的复杂性,故应经水力计算确定并满足供水点处压力不大于 0.20MPa 的要求。

10.0.6 考虑到用水低峰时水压偏高,水流速度大,易产生噪声,影响居民的休息和睡眠。因此,给水支管的管道内水流速度宜采用0.8m/s～1.0m/s,热水支管的管道内水流速度宜采用0.6m/s～0.8m/s。

10.0.7 根据《上海市人民政府关于进一步加强消防工作的意见》(沪府发〔2011〕17 号)的要求,提高了高层住宅设置自动喷水灭火系统的标准。

公共部位是指住宅内的公共走道、前室、消防前室、电梯厅等公共活动和公共安全疏散使用的地方。住宅地下室和设在地下室的自行车库按地下室消防要求设置喷水灭火系统;设在住宅内的居委会、物业、老年活动室同居民室内一样可不设自动喷水灭火系统。公共部位可采用湿式系统,也可采用自动喷水局部应用系统。自动喷水局部应用系统应按现行国家标准《自动喷水灭火系统设计规范》GB 50084 的规定进行设计。

所有部位指住宅内的卧室、起居室、餐厅、厨房、书房、封闭阳台、阳光室、贮藏室、卫生间、避难层（区）、非电气设备用房、使用面积大于 3m² 的管道井以及公共走道、前室、消防前室、电梯厅等部位。

高层住宅户内配置轻便消防水龙，与现行国家标准《建筑设计防火规范》GB 50016 一致。轻便消防水龙是在自来水供水管路上使用的由专用消防接口、水带及水枪组成的一种小型简便的喷水灭火设备，有关要求见现行行业标准《轻便消防水龙》GA 180。户内轻便消防水龙可以设置在厨房、卫生间或阳台内，使用时与 DN15 水嘴快插连接，要求供水压力不低于 0.20MPa。

住宅的消防给水及消火栓系统应按现行国家标准《消防给水及消火栓系统技术规范》GB 50974 及上海市地方标准的规定进行设计。

10.0.8 现行国家标准《城镇给水排水技术规范》GB 50788 规定水箱（池）应设置消毒装置，如采用具有保洁技术功能的水箱（池）而不设消毒装置，其产品必须取得国家卫生检疫部门批准。

小区设有生活用贮水池（箱）则设置水质监测装置及相关报警装置，主要监测浊度和余氯。数据信号可传递至小区管理平台及相关供水部门平台。

10.0.9 《上海市建筑节能条例》和现行上海市工程建设规范《居住建筑节能设计标准》DGJ 08－205 规定，六层及以下居住建筑应设计太阳能热水系统，并应与居住建筑同步设计。

10.0.10 1991 年冬季，严寒侵袭本市，使 1 万余只水表、5 万余处管道冻裂。经市建委组织有关单位研究确认，冻裂的主要原因是水表质量问题和管道未加保温措施。据此，本条规定住宅分户表应采用口径不小于 20mm 的耐低温型湿式水表或干式水表，管道应采取防冻保温措施。

为便于人工抄表读数，水表安装高度不宜低于 0.60m 且不宜高于1.20m,高低位水表安装间距不宜小于0.20m。

10.0.11 上海冬季天气温度可达零度以下,敷设在室外明露的给水、消防管道会发生冰冻。为保证供水安全,故需要对给水、消防管道、阀门和设备进行防冻保温。敷设在地下车库出入口部位,靠近外墙可开启窗处,建筑采用镂空窗户或与室外空间直接连接相通的楼梯、走道、阳台,也可能发生冰冻,需要进行防冻保温。

防冻保温施工应符合现行国家相关标准和规范。防冻保温施工可参考现行国家建筑标准设计图集《管道和设备保温、防结露及电伴热》03S401和上海市水务局标准化指导性技术文件《上海市居民住宅二次供水设施改造工程技术标准防冻保温细则》SSH/Z 10002-2016的相关规定。

10.0.12 在闭孔型的绝热材料中应选用耐火性好、施工方便、不易碰坏的绝热材料。由此,采用B1级柔性泡沫橡塑比EPS、XPS以及酚醛发泡材料都具有明显的优势,其保温性能好、施工方便,不易损坏,故推荐使用柔性泡沫橡塑材料。不应采用吸水性很强的开孔型(纤维型)的绝热材料,如玻璃棉、岩棉等。

10.0.13 柔性泡沫橡塑保温层最小厚度参照上海市水务局标准化指导性技术文件《上海市居民住宅二次供水设施改造工程技术标准防冻保温细则》SSH/Z 10002-2016的表1编制。该细则中表1的计算室外冬季气温是采用-10.1℃,能满足近年来上海市冬季的极端最低温度的要求;采用的是现行国家标准《工业设备及管道绝热工程设计规范》GB 50264中相关计算公式。室内容易发生冰冻的给水、消防管道保温厚度需要经过计算确定,或参照表10.0.13中的保温厚度。

10.0.14 防锈铝板和防紫外线辐射性能的塑料材质具有耐腐蚀、使用寿命长等特点,故推荐使用。保护层也可以采用不锈钢(SUS304)板等其他材料。

当管道或阀门敷设于室内公共部位容易受到人员或物品碰

撞的位置时,保温层容易受碰撞损害。因此,在该部位要求设保护层。

10.0.15 现行国家标准《建筑给水排水设计规范》GB 50015 (2009 年版)第 3.7.6 条规定:"建筑物贮水池(箱)应设置在通风良好、不结冻的房间内。"水箱间有可能设镂空窗户,保持通风,在冬季受外界环境气温影响,水箱、管道和阀门有可能结冻,故需要防冻保温。

10.0.16 考虑节能要求,室内外热水给水管道、热水循环管道及热水箱等需要保温。保温设计可参照现行国家建筑标准设计图集《管道和设备保温、防结露及电伴热》03S401、《管道与设备绝热》K507－1～2 的相关要求。

10.0.17 随着人们的生活习惯的改变,过去卫生间做卫生工作时用水冲、拖把拖,现在一般不用水冲,因此卫生间地漏存水弯的水得不到及时补充,日久蒸发使存水弯里的水封破坏了,臭气外溢,故卫生间宜设置防干涸两用地漏。当洗衣机单独设置时,考虑到洗衣机瞬时排水量较大,水易从地漏漫溢,影响居室,宜设防止溢流的地漏。

10.0.18 根据现行国家标准《建筑给水排水规范》GB 50015 的规定,建筑标准要求较高的多层住宅,生活污水立管宜设置专用通气立管。采用特殊单立管排水系统应按现行国家标准《建筑给水排水设计规范》GB 50015 中的有关规定执行。

10.0.19 污水横管设于本层套内,便于检修和疏通,避免上下层之间不必要的矛盾。本条旨在解决户与户之间的干扰。

要求厨房和卫生间排水管分开设置,主要是为了防止交叉污染,避免排水管道漏水、噪声或结露产生凝结水影响居住者的卫生健康及财产损坏。因此,排水管道(包括排水立管和横管)均不得穿越卧室空间。本条与现行国家标准《住宅建筑规范》GB 50368一致。

为了满足居住环境整洁、美观的要求,污水立管、废水立管应暗敷。考虑到管道水流噪声对睡眠、休息的影响,作出了管道不宜靠卧室内墙面设置的规定。未装修房应留有暗敷的位置。

为了避免给水管渗漏影响居住环境和使用功能,给水管敷设时不宜穿越卧室、贮藏室和壁柜。

10.0.20 空调机冷凝水的排放处理不当,易引发邻里的矛盾纠纷。因此,应设计冷凝水及融霜水专用排水管并采取间接排放,此水可排入明沟、雨水口或屋面。

10.0.21 水泵应选用低噪声节能型水泵,这是节约能源、降低噪声、改善居住环境的有效措施。卫生器具和配件采用节水型产品,是节约水资源的重要举措。

10.0.22 镀锌钢管易腐蚀、结垢,影响生活饮用水的水质。目前替代镀锌钢管的符合饮用水安全、卫生标准的新型管材品种较多,经几年的实际使用,证实这些管材比较安全可靠,据此制定了相应的标准和规程,可供设计时选用。

10.0.23 小区埋地污水管、雨水管的管材规定是根据《关于在本市推广应用化学建材和限制淘汰落后产品规定的通知》(沪建材〔98〕第 0511 号)确定的。

10.0.24 本条的制定是为了贯彻《关于公布〈上海市禁止或者限制生产和使用的用于建设工程的材料目录〉(第三批)的通知》(沪建交〔2008〕1044 号)中关于"禁止在市政和住宅小区工程中使用砖砌检查井"的规定。室外排水检查井应优先采用塑料检查井。

10.0.25 设置排水检测井为市排水管理部门要求,排水检测井的规格由排水管理部门提供。

设有沿街商铺的排水应设置单独的污水专用管道,接入小区污水总排口,不与小区居民生活污水管混用,便于根据商业业态变化改造和维护管理。

10.0.26 污废水管道不得在生活饮用水池(水箱)的上部穿过,是为了确保生活饮用水池(水箱)的生活饮用水不受到污染。

屋顶水箱清洗时会使用化学药品,其排出水含有化学物质,不应排入雨水管道,故要求设专用排水管道,排水至污水管网。

10.0.27 按市卫生局要求"水泵房周边 10m 范围不得有污染源"。

10.0.28 生活水泵房供水范围为市供水部门要求。

10.0.29 阳台设置的地漏可接纳洗衣机排水和飘进阳台的雨水。阳台排水排入污水系统主要是减少对本市河道的污染。

10.0.30 同层排水形式有降板式和不降板式。设计时可根据工程具体情况,结合卫生间空间、卫生器具布置、室外环境气温、造价等因素综合考虑。同层排水设计除执行本标准外,尚应符合现行国家标准《建筑给水排水设计规范》GB 50015、行业标准《建筑同层排水工程技术规程》CJJ 232 和上海市工程建设规范《建筑同层排水系统应用技术规程》的相关规定。

11 燃气设计

11.0.2 本条规定了每户住宅的最低设计燃气用量。每户不同燃气计量表的规格,已能满足双眼灶和 8L 燃气热水器各 1 具的设计燃气用量的需要。如为大套户型,宜选用天然气 $4.0m^3/h$、管道液化石油气 $2.5m^3/h$,以满足用户采暖要求。

11.0.3 传统的"一灶一表"的燃气计量表大多安装在厨房内。随着生活水平的提高和燃气设备的增多,出现了新的抄表技术,上述安装方式已不能适应新技术的要求。在应符合抄表、安装、维修及安全使用的条件下,计量表还可安装在公用部位或套内服务阳台表箱内,条件具备时还可与燃气热水器一并设在通风的箱(柜)内。这对于减少厨房内燃气管道,提高厨房空间利用率大有好处。

11.0.4 燃气管道禁止设在封闭楼梯间、防烟楼梯间及其前室内,燃气管道不应设在开敞楼梯间内,其目的是为了确保消防安全。但为方便管理,适应住宅的水、电、气表出户设置要求,本条规定允许可燃气体管道进入住宅开敞楼梯间,但为防止管道意外损伤发生泄漏,要求采用金属管。为防止燃气因该部分管道破坏而引发较大火灾,应在计量表前或管道进入建筑物前安装紧急切断阀,并且该阀门应具备可手动操作关断气源的装置,有条件时可设置自动切断管路的装置。

11.0.5 本条规定的目的是为了发生事故时能快速切断气源。手动快速式切断阀指四分之一回转、带限位装置的阀门。

11.0.6 热镀锌钢管是室内燃气管道的传统管材,随着管材市场的深刻变化,热镀锌钢管不再是唯一的选择。铜管和不锈钢波纹管的应用已呈现逐渐增长的势头。随着科学技术的发展,新型管材还会不断出现。但鉴于燃气管道对安全有特殊要求,因此只有符合国家标准的管材才能在燃气管道工程中应用。

11.0.7 室内燃气管道宜明敷是基于燃气管材必须丝扣连接的要求。明敷便于安装、维修、检漏,但同时存在易藏污纳垢、不够美观等缺点。随着生活水平的提高,越来越多的居民要求燃气管道实行暗敷。但由于燃气系易燃易爆气体,安全始终是第一位的,只有采用铜管、不锈钢软管以及其他符合暗敷要求的新型管材,并符合有关标准中管道暗敷的规定,方能暗敷在隔墙内。

11.0.8 燃气热水器设置的原则是接近热水供应点,燃气供应较便捷,能确保燃烧后废气直接排出室外的烟道顺畅和安装、维修方便。因受各种条件制约,传统的燃气热水器大多设置在厨房里,其主要缺点是:在较小的厨房空间内设置了灶具、热水器和燃气表;配置了较多的燃气管道和相应管件;燃具工作时,要消耗大量氧气和产生相应的废气等。将燃气热水器设置在套内服务阳台有通风条件的箱(柜)内,就可以避免因燃烧而需要消耗厨房内氧气等不利因素。如进一步将室内燃气支管、燃气计量表和燃气热水器一并安装在服务阳台,则可大大改善厨房工作环境,提高卫生质量。

燃气热水器在供应热水的燃烧过程中要消耗氧气,同时产生含有大量二氧化碳、水蒸气和燃烧不完全的一氧化碳等有害气体,为了用气安全,必须设置将废气排到室外的专用排放管。严禁与排油烟机烟道合用。当厨房设有专供炊事灶具排油烟的垂直管道井时,若将燃气热水器的废气错误地接入排油烟机的垂直烟道,将影响燃气热水器正常燃烧工况,造成烟气回流的严重后果,因此应予严禁。燃气热水器的设置应符合安装维修方便、排烟道出口顺畅和与燃气、冷热水管道连接便捷的要求。为此,设计时应根据燃气热水器的具体型号,预留热水器和排烟孔的相应位置。

11.0.9 随着全市燃气用户日益增多,上海燃气事业进入快速发时期。但与此同时,因用气不当、私自或不规范安装以及设备老化等因素而引发的中毒、伤亡事故时有发生。对此,除采取针对性措施和加强市民安全用气的宣传教育外,还可在用气场所内安装燃气泄漏保护装置,以提高用气的安全性。

11.0.10 燃气设计是安全性、专业性很强的工作,上述各条仅是设计中应予遵循的最基本要求。同时,还应严格执行国家、行业及上海市现行有关标准的规定。

12 供配电及照明设计

12.1 用电负荷

12.1.1 表12.1.1中所列指标为每套住宅(含公摊面积)的最小用电负荷计算功率。

12.1.2 最大单相供电容量限值的确定,主要考虑到下列因素:

    1 用电安全性:单相进户比三相进户安全。检修时,大部分居民由于缺少用电知识,如果把中性线与相线搞错,将引起事故。另外,单相进线也能减轻"断零"事故的危害。

    2 三相平衡问题:三相进户时,将某些时间性使用的家用电器接在同一相上的可能性很大,例如空调器,大家都开空调时,该相负荷很大,但空调不用时,该相负荷很低。如果单相进户,通过户与户的平衡,比较容易做到整个大楼的供电系统三相平衡。

    3 12kW采用单相供电时,电表可以采用量程为15/60A的。因此,技术上和电气设备的配套供应上没有问题。

    4 绝大部分家用电气采用单相供电,例如空调器,多联机空调器也有单相供电的产品。但如果设计有三相空调器等设备,则必须采用三相供电。

12.2 供电、配电与计量

12.2.1 住宅建筑的公共部位包括公共走道、电梯厅、楼梯间及公共地下空间等。低层住宅(别墅等)电梯按二级负荷要求供电的必要性不大,故暂时不作规定。

12.2.2 上海电力公司已具备提供移动发电机组应急服务的能

力。高层住宅停电期间可提供临时用电，以满足消防、电梯等重要负荷的用电需求。因此，当未设固定安装的柴油发电机组时，也可在变电所或总配电间低压母线处预留外接临时电源所需的接口及移动发电设备停放空间。应当注意的是，"接口"包括外部临时供电电缆的连接端口、必要的开关设备以及电缆进线管道等配套设施。

12.2.5 分户设置电表，既便于收费及减少用电纠纷，也利于用户根据自身需要节约用电。

12.2.7 高层住宅应考虑设置楼层配电间或电表间，电表箱在楼层配电间或电表间内明装。楼层配电间或电表间既可以是一间房间，也可以是一个配电管弄。当采用配电管弄时，电气操作和检修可以在公共走道上进行。

12.2.8 明敷护套线容易受损，并导致触电和电气火灾等严重事故，故予禁止。

12.2.10 第5款，有效的防水措施包括：增加建筑物的室内外高差，将总配电间的地坪适当抬高，在底层地板下设一定容量的蓄水池，增加地下室排水泵的排水能力等。工程中，通常应同时采取上述措施中的两到三项，以提高总配电间防止室外洪水及室内消防水流侵入的能力。

12.3 电源插座

12.3.2 住户单元门口的插座常用于门铃、感应灯等设备。

12.3.3 历年来，居民对装修反映主要意见是电源插座的数量少，平面位置不符合室内设施和家具的布置。因此，本条强调电源插座的位置应与室内用电设备和家具布置综合考虑。例如，电视插座和信息插座的旁边要有电源插座，厨房电源插座要考虑排油烟器、电饭煲、微波炉、冰箱等电器设备位置，卫生间电源插座要考虑排风扇、洗衣机等电器设备的位置。

12.3.4 集中空调系统包括中央空调系统和多联机空调系统。租赁型高级公寓可能采用中央空调系统，其住户内部风机盘管宜由住户配电箱引出单相专用回路供电，一般不设专用插座。多联机空调系统可根据其供电容量由住户配电箱引出单相或三相专用回路供电，必要时可配置单相或三相插座。

12.3.5 表12.3.5规定了不同类型全装修住宅的最少电源插座数量，当房间的面积大或用户有特殊需求时还可适当增加插座数量，以便家庭中尽量少用移动插座。卫生间内插座的设置应注意其与0区、1区的安全距离。

12.4 住户配电箱

12.4.1 每套住宅设住户配电箱是为了便于对住宅内的电器设备进行控制和保护。由于普通居民不具备电击防护的专业知识，故要求断路器能同时断开相线和中性导体，以避免中性导体可能存在的高电位危及居民安全。

12.4.2 增加剩余电流功能主要是考虑人身安全和防止电气火灾。如果所有配电回路均具有剩余电流保护功能，那么总断路器可以没有剩余电流保护功能。由于直流型家用电器日趋增多，直流脉动漏电探测功能已成必要功能，故建议采用A型剩余电流保护器。

12.4.3 市场上的电涌保护器（SPD）存在电气火灾隐患，而居民缺乏专业维护知识，故禁止使用。

12.5 照明设计

12.5.1 考虑到本市部分住宅建筑的公共照明疏于维护管理，实际使用情况不佳，故要求选用寿命长、维护要求低且可频繁开闭的发光二极管型灯具。

12.5.6 如果电梯厅等普通照明由值班室集中控制,则疏散照明和疏散指示标志应当单独设置供电回路。

13　小区智能化及智能家居系统设计

13.0.2　消防与安防控制室可单独设置,也可与小区门卫室合用。

13.0.6　第 1 款,停车库管理系统的收费窗口及闸机如果设置在坡道上,可能导致溜车现象,从而发生人车事故。出口道闸位置的设置,应保证出口辆车能停在水平段上,即挡杆前应留出一个车长的水平路段。

13.0.7　第 5 款,为实现电梯智能化控制,电梯操纵箱处设置读卡器,配置读卡器通讯专用随行线缆,预留与访客设备连接的通信接口(如 RS485、TCP/IP 或楼层干接点信号)。

　　第 8 款,地下车库及电梯轿厢内通常移动通信信号强度不足,故宜设置移动通信室内覆盖系统,或预留相关管路及电源。

　　第 9 款,考虑到目前有线电视和 IPTV 并存,故保留了两种布线及接口形式。

13.0.8　表 13.0.8 所列移动通信室内覆盖指使用毫瓦级功率的飞蜂窝(Femtocell)设备,通过已有的光纤到户、有线电视等有线宽带接入方式,接入移动通信专用网关,实现住宅内移动通信信号覆盖。

14 供暖通风与空气调节设计

14.0.1 从上海地区的气候特点来看,住宅设置空调设备已经成为居民生活的必需品,不设置空调装置,难以保证夏季和冬季的室内舒适度。

14.0.2 参照现行国家标准《民用建筑供暖通风与空气调节设计规范》GB 50736 的规定,主要房间空调室内设计温湿度可以参照表4,设有集中新风系统的最小新风量宜按换气次数法确定,见表5。

表 4　住宅建筑室内设计参数

类别		温度(℃)	相对湿度(%)	风速(m/s)
空调	供热工况	18~22	—	≤0.2
	供冷工况	24~28	≤70	≤0.3
供暖(主要房间)		16~22	—	—

表 5　住宅建筑设计最小换气次数

人均居住面积 FP(m²)	每小时换气次数
FP≤10	0.70
10<FP≤20	0.60
20<FP≤50	0.50
FP>50	0.45

　　无集中新风系统的新风换气次数只是一个计算参数,供选择设备时计算空调负荷用。

14.0.3 现行行业标准《住宅新风系统技术标准》JGJ/T 440 对户式集中新风系统的设计有着明确的规定。

14.0.4 辐射供暖供冷系统国家和上海市地方都有着相应的规范和标准,应遵照执行。

14.0.5 有组织地顺利排放空调器凝结水是保证空调系统正常工作的前提。